二维动漫制作技法

ERWEI DONGMAN ZHIZUO JIFA

刘剑波 瞿新忠 主编

东南大学出版社

·南京·

内容简介

本书从二维动画的前期策划、中期制作到后期合成、输出的整个过程进行了讲解,内容主要包括一些动画角色、自然环境场景等制作中的运动原理、规律、绘制方法和镜头语言的设计、运用等技术。在书中,作者还详细介绍了 PhotoShop 等二维动画制作软件的运用。从最基础的绘画技法到复杂的动画摄影,从构图到合成技术,从绘制人员到导演应具备的素质都有进行阐述,更从动画片制作最基本的原理讲起,介绍了动画片的摄制过程,原画、动画的概念,以及动画画面的处理,便于初学者了解动画的基本规律。还介绍了物体运动规律,进而讲解了人物的画法,包括动作表情,以及动物和自然现象的画法是目前市场上较全面、较完整的一本二维动画设计制作教材。本书内容全面,语言通俗易懂,更有图片帮助读者理解,并加深记忆。对于广大的二维动画制作者、爱好者,这是难得的一本好书,尤其适合大中专院校作为教材使用。

图书在版编目(CIP)数据

二维动漫制作技法/刘剑波、瞿新忠主编. —南京:东南大学出版社,2009.9
(高等院校动漫系列教材.第2辑)
ISBN 978-7-5641-1871-6

Ⅰ.二… Ⅱ.①刘… ②瞿… Ⅲ.二维—动画—设计—高等学校—教材 Ⅳ.TP391.41

中国版本图书馆 CIP 数据核字(2009)第 168631 号

高等院校动漫系列教材

二维动漫制作技法

主　　编	刘剑波　瞿新忠		
选题总策划	李　玉	特聘外审	高祥生
责任编辑		封面设计	沈　林　姬玉东
文字编辑	胡中正		
责任校对	辛健彤		
责任印制	张文礼		

出版发行	东南大学出版社
出版人	江　汉
社　　址	南京市四牌楼2号　　邮　编　210096
经　　销	江苏省新华书店
印　　刷	扬中市印刷有限公司
开　　本	787mm×1092mm　1/16
印　　张	8.75
字　　数	186千字
版　　次	2009年10月第1版第1次印刷
印　　数	1—4000册
定　　价	45.00元

(凡因印装质量问题,可直接向读者服务部调换。电话:025-83792328)

高等院校动漫系列教材编委会名单
(按姓氏笔画排序)

于少非	王 钢	王承昊	王继水	王新军
毛小龙	占必传	叶 苹	冯 凯	宇文莉
过伟敏	刘 敕	刘剑波	汤洪泉	孙立军
孙宝林	杜坚敏	杨红康	杨建生	李向伟
李志强	李剑平	李超德	肖永亮	何晓佑
张广才	张承志	张秋平	汪瑞霞	陆成钢
林 超	周小儒	赵 前	洪 涛	贺万里
秦 佳	顾严华	顾明智	顾森毅	晓 欧
徐 茵	殷 俊	郭承波	凌 青	黄海波
曹小卉	曹建文	温巍山	廖 军	薛 锋
薛生辉				

编委简介

于少非　中国戏曲学院新媒体艺术系主任
晓欧(笔名)　中央美术学院城市设计学院动画系主任
肖永亮　北京师范大学艺术与传媒学院副院长
林　超　中国美术学院传媒动画学院教授

字文莉　CCTV资深电脑美术专家，ACG国际动画教育中方学术专家
王　钢　同济大学设计学院动画系主任
何晓佑　南京艺术学院副院长、教授、博士生导师
李向伟　南京师范大学美术学院院长、教授
过伟敏　江南大学设计学院院长、教授、博士生导师
廖　军　苏州大学艺术学院院长、教授、博士生导师
李超德　苏州大学艺术学院副院长、教授
孙立军　北京电影学院动画学院院长、教授、硕士生导师
张承志　南京艺术学院传媒学院院长、教授
占必传　江苏技术师范学院艺术设计学院院长、教授
刘　赦　南京师范大学美术学院副院长、教授、博士生导师
曹小卉　北京电影学院动画学院副院长、教授、硕士生导师
李剑平　中央电视台动画片导演
秦　佳　常州工学院艺术与设计学院·动画学院院长、副教授
薛　锋　常州工学院艺术与设计学院艺术与设计学院·动画学院副教授、高级工艺美术师
温巍山　常州工学院艺术与设计学院·动画学院副院长、副教授
汪瑞霞　常州工学院艺术与设计学院·动画学院副院长、副教授

周小儒　南京工业大学艺术设计学院副院长、副教授
洪　涛　中国人民大学徐悲鸿艺术学院插图工作室副教授、硕士生导师
赵　前　中国人民大学徐悲鸿艺术学院动画工作室副教授、硕士生导师

贺万里　扬州大学艺术学院副院长、教授
杨建生　盐城工学院设计艺术学院副院长、副教授

叶 苹　江南大学设计学院副院长、教授
郭承波　南京财经大学艺术设计系主任、教授
顾森毅　南通大学艺术学院副院长
张广才　江苏教育学院美术系主任、副教授
凌 青　南京师范大学美术学院动画系主任、副教授
王承昊　晓庄学院美术学院院长、副教授
孙宝林　淮阴师范学院美术系副主任、副教授
张秋平　金陵科技学院艺术学院院长

毛小龙　江西师范大学美术学院副院长
顾严华　深圳职业技术学院动画学院副院长
薛生辉　江苏技术师范学院艺术设计学院副院长、副教授
汤洪泉　江苏技术师范学院艺术设计学院副院长、副教授
陆成钢　河北大学工艺美术学院副院长
冯 凯　大连职业技术学院艺术分院院长
李志强　常州工学院艺术与设计学院·动画学院美术系主任、副教授
黄海波　常州工学院艺术与设计学院·动画学院副教授
徐 茵　常州工学院艺术与设计学院·动画学院动画系主任
曹建文　江苏技术师范学院艺术设计学院摄影动画系主任、副教授
刘剑波　常州轻工职业技术学院艺术设计系

王继水　常州机电学院计算机系主任
王新军　常州工学院艺术与设计学院环境艺术设计系主任
杜坚敏　常州信息职业技术学院艺术设计系主任
顾明智　常州纺织服装职业技术学院艺术设计系主任
殷 俊　江苏大学艺术学院院长助理、副教授
杨红康　常州贝贝动画培训中心校长

出版说明
PUBLICATION INTRODUCTION

当人类社会进入21世纪之时,动漫就已被业界称为当今社会经济发展的四大产业(动漫、IT、网游、电子)之一。动漫,这一曾被人们认为"仅是哄孩子们观赏的小玩艺儿,是小投入的低端东西",现如今已经发展成为集影视、音像、出版、旅游、广告、教育、玩具、文具、网络、电子游戏于一体的动漫产业,成为当今日本、美国、韩国三大动画生产国的文化支柱产业。

动漫(作品)以其特殊的表现形式,不仅对孩子具有独特的愉悦和教化作用,更是一个具有数亿消费市场、不断创新载体的朝阳产业。动漫产业对推动地域经济发展具有明显的促进作用。

为了更好实践大学出版社办社宗旨,针对我国动漫业自主研发和原创能力较低,动漫研发人才与动漫专业师资匮乏,特别是动画中、高级人才奇缺,动漫专业教材资料滞后严重制约动漫产业持续发展这一状况,早在2004年,我们就开始设想策划组织出版一套动漫系列教材。2005年经社会调研及与有关院校从事动漫艺术与设计教学与科研工作多年的骨干教师研讨,确定针对当时高校动漫专业课程设置中,最基础的三门课程组织编撰教材,于2006年10至11月首批出版了"高等院校动漫系列教材"(第1辑)计3种:《动漫速写》、《动画发展史》、《Maya基础教程》。

现从3年实践情况来看,动漫系列教材(第1辑)的运作是成功的。

1. 自2006年底我社策划、组织、出版的"高等院校动漫系列教材"(第1辑)3种面市以来,受到社会广大读者及出版业界的广泛关注:①不少艺术院校老师来电、来访,了解教材编写计划,希望加入编撰队伍;②引起有关报社记者关注,对该套教材的出版作电话专访;③《动漫速写》进入当当网(2007)国内销售前100排名。

2. ①《动漫速写》经教育部专家组审定,于2006年9月被确定为"普通高等教育'十一五'国家级规划教材"。

②《动画发展史》于2008年2月经专家组评定,获常州市第十届哲学社会科学优秀成果一等奖。

3. "高等院校动漫系列教材"(第1辑)出版至今,已多次重印,被全国大部分已开设动漫专业的高校、大中专及职业院校选用作教材,并被不少社区动漫人才培训机构选用。

随着国家对发展我国动漫文化产业的重视,不断出台一系列扶持政策力度的不断强化,可以看见短短的几年中,我国动漫"产"、"学"、"研"各方面的发展都突飞猛进,呈现良好态势。为此,2007年底,我们开始策划出版"高等院校动漫系列教材"第2辑。经2008年筹备于2009年初召开了"动漫教材出版研讨会",初步确定"高等院校动漫系列教材"(第2辑)二十余种,并计划在"十二五"期间陆续出版。

我们相信,在众多动漫(画)专业高端专家的热情指导下,一线骨干教师的积极参与下,此辑动漫系列教材一定能更具"原创性强、实用性强、以教材教学促项目"之特色,为繁荣我国的动漫人才培养、动漫文化产业经济发展增添重彩。

选题策划者
2009年10月于南京

前 言
PREFACE

　　在国内外动画产业蓬勃发展、我国政府对国产动画产业扶持力度越来越大的形势下，社会上对动画人才的需求量急增，各种动画培训班如火如荼，众多高等院校，尤其是艺术类高等院校纷纷开设动画专业。种种端倪，都昭示着动画产业将会成为21世纪我国最具活力的产业之一。有些国家的动画产业已经成为其支柱性产业，然而，我国这方面才刚刚起步。我国有丰富的人力资源和文化资源，若能科学地解决动画人才的教育问题，则完全有理由成为世界上最发达的动画生产国之一。

　　教育当随时代，动画人才的培养更是如此。现代动画已经不同于传统意义上的"动画片"，这一点在本书总论部分有较详细的论述。所以，现代动画的教学，从内容到方法，都不同于过去意义上的动画教学。目前，现代动画在我国的普及面临许多困难。所以，当务之急是扩大宣传、加深人们对现代动画的认识，本着"学以致用"的原则，大力培养现代动画人才。

　　回顾中国动画人才的培养过程，大致可分为三个阶段。第一阶段是在20世纪50年代初。1950年钱家骏、范敬祥等动画家曾在苏州美术专科学校开办动画科，先后招收两届学生，该科在1952年全国大专院校调整时，并入北京电影学校。学生于1953年毕业，而后停办。其中大部分师生进入上海美术电影制片厂工作。第二个阶段是在60年代初期。1959年上海电影专科学校成立，设立动画专科，由钱家骏任主任、张松林任副主任，共培养了两届具有大专程度的动画学生，先后于1961年、1963年毕业。该校于1963年停办，这批专业人员又一次充实了上海美术电影制片厂的创作队伍。此后，由于历史的原因，培养人才的工作中断了十多年，出现了青黄不接的局面。第三阶段是改革开放之后，我国采取多种形式积极培养动画人才，以解社会生产发展的急需。一是北京电影学院开设动画班，培养了一批高等程度的动画人员；二是北京电影学院动画班与上海华山中学合作，开设中等程度的动画职业班，招收了3个班级，共培养了60多名动画人员；三是在上海美术电影制片厂开办动画训练班，以边工作边学习的方式，培养了一批年轻的创作人员。通过上述三种途径，在80年代之后，一大批动画人才茁壮成长。

　　随着现代动画的普及，社会对现代动画人才的需求量越来越大。目前在国内，主要是通过以下四种途径培养动画人才的：

1. 高等院校的专业动画教育，如北京电影学院，从原动画到计算机设计都具备，跟国外的动画公司联系也较多，培养的人才相对较全面。另外，一些美术院校也相继开设了动画专业或系科。

2. 由于工作的需要，大多数从事电视广告、游戏制作的从业人员，在平时的工作实践和对外的交流中采取干中学、学中干、边学边干的方式充实和提高自己。

3. 现代动画发烧友，他们主要是通过自学、朋友之间和在互联网上的交流中获得相关知识。

4. 一种以解释软件工具菜单为主结合一些简单的例子的短期培训班。

从上面的情况来看，现代动画人才教育还远远不能满足市场的需求。目前的主要问题是尽快加强和改善师资力量问题。现代动画作为一门新兴的、交叉性、应用性极强的学科，只懂现代动画的制作技术而不懂动画艺术不行，只懂现代动画不懂计算机也不行。何况目前这两样精通其一的人不多，二者都能精通的人更是凤毛麟角。

高等院校的现代动画人才的培养目标应该是高标准、高要求的，学生们除了要熟练掌握完整的现代动画制作的技能，还要在艺术造诣上达到相当的高度。要想切实地实现这个目标，必须做好以下四个"相结合"：

1. 博与专相结合

高级现代动画人才的能力必须是比较全面的，应该围绕现代动画制作的所有环节展开。如动画片制作，环节很多，主要有动画脚本创作，分镜头画面创作、计算机制作、现代动画程序设计、摄影（摄像）、动画表演、精品动画片鉴赏。再如计算机交互式动画，或编程装饰动画，还要涉及大量的程序设计，所以，必须要求学生掌握相应的动画编程技术。

2. 技与艺相结合

动画是一门集多种艺术门类的艺术，所以在校期间，应提供足够的机会，加强学生在文学、电影、美术、音乐、表演等艺术中的体验、学习，提高各方面的修养。同时，现代动画是建立在高技术基础之上的，任何美妙的艺术想象，如果不能通过技术来实现，那么只能是纸上谈兵似的空想。即使实际工作中并不承担具体的动画制作任务，也还是要具有相当的技术水准才能与制作人员进行很好的交流，与其共构一个合力强大的动画创作团队。

3. 理论与实践相结合

作为高级动画人才，不仅要有很强的动手操作能力，还要有较高的理论水平，既要学会用现有的理论去指导实践，又要学会从现有的实践中总结经验，发掘新的理论。

4. 自力更生与团队合作相结合

古今中外，但凡成功的、有影响力的动画作品，都是团队精诚合作的结晶。培养学生的团队意识，对我国动画事业的发展非常必要，因为在改革开放的今天，年轻人最容易片面强调自我而丧失群众基础，因而即使个人的能力强也不可能有大作为。不过，现代动画的形式多样，即使是同一种形式的动画也有大小区分。对于大量的构成元素较单一、制作强度不大的动画，往往需要一个人来完成，这便需要培养学生自力更生、独立完成某项动画制作的能力。

本书的讲解建立在现代意义的动画基础之上，本着实用的原则和普及性教育的目的主要讲述动画片的制作，并对非动画片类型的动画制作也做了简要的阐述。以一般性的理论性教学为主，同时也辅以一定的实践性知识讲解。

本书共分7章，第1章动画概述，第2章动画造型设计，第3章动画分镜头创作，第4章动画设计稿创作，第5章动画场景图创作，第6章动画运动规律，第7章动画配音与后期。

作　者

2009年9月

目　录

第 1 章　动画概述

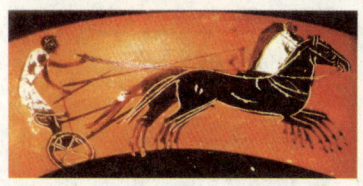

1.1　动画的定义 …………………………………………………………………（1）
1.2　视觉暂留原理 ………………………………………………………………（2）
1.3　动画的历史 …………………………………………………………………（2）
1.4　动画的主要风格流派 ………………………………………………………（4）
　　1.4.1　中国动画 ……………………………………………………………（4）
　　1.4.2　美国动画 ……………………………………………………………（7）
　　1.4.3　日本动画 ……………………………………………………………（10）
1.5　动画制作流程 ………………………………………………………………（14）
　　1.5.1　前期 …………………………………………………………………（14）
　　1.5.2　中期 …………………………………………………………………（15）
　　1.5.3　后期 …………………………………………………………………（15）
1.6　动画的类型 …………………………………………………………………（15）
1.7　动画工具 ……………………………………………………………………（16）
　　1.7.1　定位尺 ………………………………………………………………（16）
　　1.7.2　拷贝台 ………………………………………………………………（16）
　　1.7.3　数位板 ………………………………………………………………（17）

Contents

1.8 动画所使用的软件 …………………………………（18）
    1.8.1　PhotoShop …………………………………（18）
    1.8.2　Painter …………………………………（18）
    1.8.3　Illustrator …………………………………（18）
    1.8.4　Flash …………………………………（19）
    1.8.5　Toon boom studio …………………………（19）
    1.8.6　After Effects ………………………………（19）

1.9 动画编剧 ……………………………………………（20）
    1.9.1　剧情的四要素 ……………………………（21）
    1.9.2　视觉的重要性 ……………………………（21）

第2章　动画造型设计

2.1 角色构思的方法 ……………………………………（30）
2.2 运用幽默将角色动画化 ……………………………（34）
2.3 运用夸张 ……………………………………………（34）
2.4 运用整合,重复,加与减 ……………………………（35）
2.5 运用变形 ……………………………………………（36）

第3章　动画分镜头创作

第4章 动画设计稿创作

4.1 动作设计稿 ………………………………………………………（55）
4.2 场景设计稿 ………………………………………………………（58）

第5章 动画场景图创作

5.1 场景的设计概念 …………………………………………………（73）
5.2 场景的构思 ………………………………………………………（73）
5.3 场景的色彩 ………………………………………………………（75）
   5.3.1 色彩的基本规律 ……………………………………………（75）
   5.3.2 色彩三要素 …………………………………………………（75）
   5.3.3 色彩的对比 …………………………………………………（76）
   5.3.4 色彩的情感和象征 …………………………………………（77）
   5.3.5 透视 …………………………………………………………（81）
   5.3.6 视点与视角 …………………………………………………（84）
5.4 软件 PhotoShop 在场景绘制中的运用介绍 ……………………（88）
   5.4.1 界面组成 ……………………………………………………（89）
   5.4.2 新建 PhotoShop 图像 ………………………………………（90）
   5.4.3 PhotoShop 文件的打开和存储 ……………………………（90）

  5.4.4 工具栏介绍 …………………………………………………（91）

  5.4.5 图层 ………………………………………………………（93）

  5.4.6 蒙版 ………………………………………………………（94）

第 6 章 动画运动规律

 6.1 原画 ……………………………………………………………（98）

 6.2 动画 ……………………………………………………………(108)

 6.3 中间画 …………………………………………………………(109)

 6.4 动画中的变形 …………………………………………………(117)

第 7 章 动画配音与后期

 7.1 动画中的声音类型 ……………………………………………(119)

  7.1.1 语音 ………………………………………………………(120)

  7.1.2 效果声 ……………………………………………………(120)

  7.1.3 音乐 ………………………………………………………(120)

  7.1.4 后期制作 …………………………………………………(124)

第1章 动画概述

1.1 动画的定义

动画一词,源自拉丁文字 anima,是"灵魂"的意思,而 animare 则指"赋予生命",因此 animate 被用来表示"使……活动"的意思。

广义而言,把一些原先不活动的东西,经过影片的制作与放映,成为会活动的影像,即为动画。"动画"的中文叫法源自日本。二战前后,日本称以线条描绘的漫画作品为"动画"。

定义动画的方法,不在于使用的材质或创作方式,而是作品是否符合动画的本质。时至今日,动画媒体已经包含了各种形式,例如赛璐珞、剪纸、偶、沙等等,它们具有一些共同点:其影像是以电影胶片、录像带或数字信息的方式逐格记录的;另外,影像的"动作"是被创造出来的幻觉,而不是原本就存在的。动画大师诺曼·麦克拉伦曾经说过:"怎么动比什么动更为重要……这一格画面与下一格画面之间产生的效果,比每一格画面中产生的效果重要。"

因此,动画学习者在基本绘画功底之外,在时间与节奏的控制、动作的物理原理、动作的艺术创造等方面,应该下更大的功夫。动画有"夸张"与"想象"两大特点,如何将真实的动作进行艺术加工?如何通过夸张的动作来表现角色的情感?这都需要创作者有一颗好奇的心,平时就多细心观察周围事物的状态。

需要特别说明的是"电脑动画"。随着数字时代的来临电脑日益成为影像生成的主要技术手段,电脑动画应用的范围包罗万象,电影、电视、电脑游戏、网络、手机,几乎涉及了每一个人的生活。电脑动画没有逐格拍摄而是在设定关键帧的起点和终点以及必数之后，电脑就会自动计算其过程进行"加动画"，经过渲染完成动画。电脑动画的基本原理和其他动画形式不同，因此在发明之初，许多人认为电脑动画不应该被归类为动画，而应算作一门独立的技术。不过，现在用电脑制作动画的应用十分普及，俨然成为新世纪最强势的制作工具，此时再去探究它究竟算不算动画，已经没有太大的意义了。

1.2 视觉暂留原理

和电影、电视一样，动画的发明也是依据人类的"视觉暂留原理"而来。

1824年，由英国的彼得·罗杰撰写的《移动物体的视觉暂留现象》(Persistence of Vision with Regard to Moving Objects)一书的出版是视觉暂留原理研究的开端。书中提出这样的观点："人眼的视网膜在物体被移动前，可有一秒钟左右的停留"。也就是说，人的视觉系统对形象有短暂的记忆能力，在同一形象不同动作连续出现的时候，只要形象的动作有足够的速度，观者在看下一幅画面时，会重叠之前一幅画面的印象，因此产生形象在运动的幻觉。

这本书引发了其后将近50年的研究，也有很多人开始根据这个原理制作一些视觉玩具和器具，例如"手翻书"、"魔术画片"、"幻透镜"、"西洋镜"等等，如图1-1所示。

视觉暂留原理提供了发明动画的科学基础，另一方面，摄影技术的普及，也成为促进动画发展的一个外在因素。

利用视觉暂留原理，在一幅画面还没有消失前，播放下一幅画面，就会造成一种流畅的视觉变化幻觉。电影采用了每秒24幅画面的速度拍摄、播放，电视则采用了每秒25幅(PAL制)或30幅(NSTC制)画面的速度拍摄、播放。如果拍摄时高于这个速度，我们称为"升格拍摄"，即慢镜头，因为此时按照常规速度播放，由于同样的动作所用的帧数多了，就会出现慢速的效果；如果低于这个速度拍摄，则称为"降格拍摄"，即快镜头，因为此时按照常规速度播放，由于同样的动作所用的帧数少了，就会出现加速或跳跃的现象。

图1-1 依据动画原理制作的动画工具

等到人类发明了使画面动起来的机器，再配合将画面投射到墙壁或屏幕的设备，当然，还有人类"视觉暂留"的生理特性，将这三项要素配合在一起，就是"动画"的完整装置。

1.3 动画的历史

人类对动画的喜爱由来已久，在西班牙境内，两万五千年前的阿尔达米拉洞窟壁画中，已经出现重复的马腿的图案，来表现骏马奔驰的样子(如图1-2)。另外，古埃及壁画、希腊花瓶上的图案中所出现的连续性的动作以及中国皮影戏等等,都显示出人类对于表现动作分解与时间过程的浓厚兴趣。

1831年,法国人Joseph Antoine Plateau把画好的图片按照顺序放在一部机器的圆盘上,该圆盘可以在机器的带动下转动。这部机器还有一个观察窗,用来观看活动图片效果。在机器的带动下,圆盘低速旋转,圆盘上的图片也随着圆盘旋转。从观察窗看过去,图片似乎动了起来,形成动的画面,这就是原始动画的雏形。

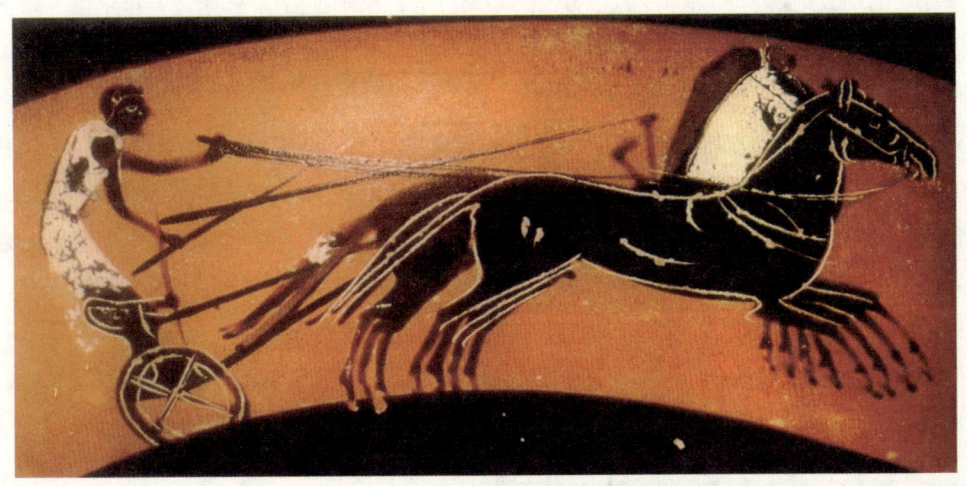

图1-2　阿尔达米拉洞窟壁画

1906年,美国人J. Steward制作出一部接近现代动画概念的影片,片名叫《滑稽面孔的幽默形象》。他经过反复地琢磨和推敲,不断修改画稿,终于完成了这部接近动画的短片。

1908年,法国人Emile Cohl首创用负片制作动画影片。所谓负片,是影像与实际色彩恰好相反的胶片,如同今天的普通胶卷底片。采用负片制作动画,从概念上解决了影片载体的问题,为今后动画片的发展奠定了基础。

1909年,美国人Winsor Mccay用10 000张图片表现一段动画故事,这是迄今为止世界上公认的第一部像样的动画短片。从此以后,动画片的创作和制作水平日趋成熟,人们已经开始有意识地制作表现各种内容的动画片。

1915年,美国人Eerl Hurd创造了新的动画制作工艺,他先在塑料胶片上画动画片,然后再把画在塑料胶片上的一幅幅图片拍摄成动画电影。多少年来,这种动画制作工艺一直被沿用着。

1928年开始,世人皆知的Walt Disney逐渐把动画影片推向了巅峰(出自《迪斯尼传》)。他在完善了动画体系和制作工艺的同时,把动画片的制作与商业价值联系了起来,被人们誉为商业动画之父。直到如今,他创办的迪斯尼公司还在为全世界的人们不断创造丰富多彩的动画片。

1.4 动画的主要风格流派

1.4.1 中国动画

中国动画曾无比地辉煌过,这也证明中国动画是有实力的,有适合它发展的艺术规律的。对中国动画发展脉络有一个了解,对今天的动画创作是大有裨益的,既可从中借鉴、吸收优良传统,又可不断总结中国动画的不足之处,找到一条在新的社会发展时期的发展道路。

要说中国动画的起源,就必须提到万氏四兄弟,万氏兄弟从小热爱绘画。他们是万籁鸣、万古蟾、万超尘和万涤寰四人。1919 年,他们受《大力水手》、《墨水瓶里跳出来》等几部美国动画片的启示与激发,兄弟四人一起投入了制作动画的尝试中。1941 年上映的由万氏四兄弟创作的中国第一部动画长片《铁扇公主》,在亚洲产生了极大的轰动,万氏兄弟的这些动画,都加入了中国的美术元素,比如工笔画、水墨画,在我国,早期很少有人提到动画片,更多人说的都是"美术片",就是因为那个时期的动画,都是通过剪纸、木偶、皮影、绘画等独特的手法制作的电影,具有浓厚的艺术美感,如图 1-3 所示。

(一)

(二)

图 1-3 中国动画

20 世纪五六十年代,中国的动画片,也就是通常说的美术片,迎来了第一个黄金时期,除了万氏兄弟投入了新中国的动画制作,一大批技术和艺术方面的人才也在这个时期涌现出来。1953 年,拍摄出了中国第一部彩色木偶片《小小英雄》;在 1954 年的木偶片《小梅的梦》里,真人和木偶第一次同时出现在一部片子里。到 1955 年,第一部彩色动画片《乌鸦为什么是黑的》问世。而 1956 年的木偶片《神笔》,在国际上获得了儿童娱乐片一等奖,这是中国美术片第一次在国际上获奖。1958 年,出现了我国第一部剪纸片《猪八戒吃西瓜》,这为我国的美术片增加了一个新的品种。之后,在 1960 年,令全世界惊叹的"水墨动画"横空出世,代表作品是《小蝌蚪找妈妈》、《牧笛》,如图 1-4 所示。这两部动画片都在国际获得了极高的评价,而且获得了多个国内外奖项。值得一提的是,《小蝌蚪找妈妈》使用的是齐白石大师的原画,而《牧笛》里的水牛,也是李可染大师的作品。20世纪60年代初,中国动画的巅峰之作《大闹天宫》,由万氏兄弟中的万籁鸣导演,片长120分钟,分上、下两集。这部片子的制作,在当时得到了国家的大力支持,其优美凝练的人物造型,行云流水的动作设计,戏曲音乐的完美结合,充满浪漫想象的细节处理,这部动画片在伦敦国际电影节上获得最佳影片奖,已发行到40多个国家和地区。另外,这一时期较著名的动画片还有《小鲤鱼跳龙门》、《骄傲的将军》、《渔童》、《孔雀公主》等等。

(一)《小蝌蚪找妈妈》　　　　　　　　　(二)《牧笛》

图1-4　中国动画

　　这个时期之后,中国动画又迎来了一个复兴时期,被称为中国动画的白银时代。在这个新的创作高潮时期,中国动画的制作,不但数量上增加很快,而且形式和题材也不断地创新,这其中最值得一提的,是大型宽银幕动画片《哪吒闹海》。另外,还有像充满智慧的《阿凡提》、简洁幽默的《三个和尚》、水墨动画片《鹿铃》、风格古雅的《南郭先生》、毛茸茸的剪纸片《猴子捞月》、水墨风格剪纸片《鹬蚌相争》、幽默并富有哲理的《崂山道士》,还有《孔雀的焰火》、《小熊猫学木匠》、《假如我是武松》、《天书奇谭》、《除夕的故事》、《水鹿》、《女娲补天》、优美感人的《雪孩子》都是这一时期的作品,如图1-5所示。

　　1985年到1995年这十年间,也是80后接触国产动画最多的时间。这十年,应该说是中国动画的一个转折时期,这一时期中国动画发展相对缓慢。在这段时间里,国产动画也出现过一些好的作品,给观众留下最深刻印象的是一些动画系列片,比如《葫芦兄弟》。这部动画片不论情节、色彩,都有明显的中国风格,给80后这一代人留下了深刻的印象。另外还有《邋遢大王奇遇记》、《舒克和贝塔》。从1985年开始,很多中外合资的动画公司进入中国,大批国内动画人才被这些公司挖角,致使国内的原创动画由于缺乏人才和活跃的机制而停滞不前。而相对的,很多外国动画却在这个时候低价卖入了中国市场。《变形金刚》、《花仙子》、《OZ国历险记》、《铁臂阿童木》,这些中国动画(如图1-6所示)大多题材新颖、想象奇特、色彩鲜明,受到了广大观众的欢迎。

　　在1995年以后的时间里,国产动画片存在粗制滥造、内容幼稚等问题,而相比之下,进口动画片可以说是势不可挡。但是也有比较优秀的作品问世,只是数量极少,比如说1999年的《宝莲灯》,制作这部动画用了4年,投资1 200万,它的特点是制作方式与国际接轨,并且,大量的使用了二维动画和三维动画结合,这在当时的中国还是创举。另外它面向的观众年龄也比同时期其他动画片提高了。另外还邀请了徐帆、姜文、陈佩斯这些名人为动画配音,还有李玟、张信哲、刘欢为它演唱主题歌,由于制作精良,获得了很好的市场收益。

图 1-5 中国动画

(一)　　　　　　　　　　　　(二)

图 1-6 中国动画

20世纪90年代至今,中国动画创作相对于世界动画发展出现缓慢趋势。在美国动画和日本动画的冲击下,同时也由于缺乏市场化操作,我国动画的回收相对较慢。中国动画以往是纯国家投资,私人不愿投资,从而导致动画者的流失和中国动画业的发展缓慢。中国动画要改变以往的操作方式。为重振国产动画,上海美术电影制片厂历时4年摄制了动画片《宝莲灯》,是中国迄今投资最大的一部影院动画长片,故事取材于中国的民间传说。该片无论是在画面,还是人物造型上都精心设计,音乐制作极为考究,同时现代高科技的运用也为影片增色不少,给人以耳目一新之感,获得了广大观众的好评。同时还有《气球上的五星期》《马可波罗回香都》《哎哟,妈妈》等一批优良的动画片诞生,给我国的动画业注入了新的活力,呈现出欣欣向荣的景象。

综观中国动画这几十年的发展,可以看到中国动画始终致力于一条本国特色的道路,在改革开放以后,在世界动画的大潮中也未放弃这一宗旨。动画片中洋溢着活泼清新的气息,给人以美的启迪。同时又十分注重教化意义,在动画片的创作中秉承"寓教于乐",使动画片不致流于肤浅的纯娱乐搞笑。未来在国家相关政策的扶植下,中国必定会成为动画的制作强国。

1.4.2　美国动画

介绍美国动画片的发展,我们将以一些著名的动画公司的发展为主线,因为他们的发展见证着美国动画行业的发展。

1) 迪斯尼公司

1925年7月,25岁的沃尔特·迪斯尼和哥哥洛伊·迪斯尼创立了迪斯尼兄弟制片厂,拍摄了《爱丽丝梦游仙境》及其系列片。同年,迪斯尼推出的《兔子奥斯华》获得社会广泛认同并产生巨大的影响。"迪斯尼兄弟公司"于1926年正式改名为"沃尔特·迪斯尼公司"。

1928年是迪斯尼公司最辉煌的一年,迪斯尼动画的品牌形象得到了确立,动画的市场运作也取得了巨大的成功。在这一年里,沃尔特和依沃克斯合作,创作了动画史上伟大的明星之一——米老鼠。它在动画片《疯狂飞机》中首次亮相,立即引起了巨大的轰动,成为著名的动画明星。迪斯尼的首部有声动画片米老鼠系列第三部《威利号汽船》也是在这年诞生。米老鼠乐观进取、快乐天真,很快风靡全世界;胆小、憨厚、敏感的普鲁托,土里土气、毛手毛脚、反应迟钝又自以为聪明的高飞狗,以坏脾气著称的唐老鸭等动画明星陆续诞生。这些动画明星不仅为迪斯尼带来了荣誉,更带来了巨大的商业利润。它们的形象被开发为玩具、文具、服装、家庭用品等,深受人们尤其是儿童所喜爱。

迪斯尼公司从1929年到1939年共拍了60多部动画短片,取得了相当不错的成绩,几乎把这十年里所有的奥斯卡最佳动物短片奖囊括入手,例如《花与树》《三只小猪》《龟兔赛跑》《三只小猫咪》《乡下表亲》《老磨坊》《斗牛费迪南》和《丑小鸭》。

最让迪斯尼公司出彩的是1937年拍摄完成的世界首部动画长片《白雪公主》,这部动画片很快在美国和世界上风靡开来,使迪斯尼公司在全球无可匹敌、首屈一指,并且确立了美国在世界动画王国的地位。1937年这一年成为迪斯尼动画片发展的标志年，同时也是美国动画片发展的标志年。

迪斯尼有个从1939年延续至今的传统，那就是基本上一年生产一部长片。这个传统是在1939年到1966年形成的。在这27年时间里，沃尔特·迪斯尼公司创作出了许多名著，例如：1940年的《木偶奇遇记》、1941年的《幻想曲》、1942年的《小鹿斑比》、1946年的《南方之歌》、1950年的《仙履奇缘》、1951年的《爱丽丝梦游仙境》、1953年的《小飞侠》、1961年的《101忠狗》、1963年的《石中剑》。以上这些影片都是由迪斯尼亲自领导创作的。

迪斯尼创始人沃尔特·迪斯尼，动画界的最璀璨最耀眼的明星，在1966年离开了我们，带去了动画界许多美好的梦。而他生前最后一部作品是直到1967年才公映的《森林王子》。

沃尔特·迪斯尼去世后，迪斯尼公司先后由他的哥哥洛伊、华特的女婿米勒、职业经理人艾斯纳掌管。艾斯纳于20世纪80年代掌门迪斯尼，他为公司的重生做出了巨大的贡献，让迪斯尼再次放出了光彩。

20世纪70年代，迪斯尼公司又制作了《救难小英雄》、《罗宾汉》等动画影片。90年代后，迪斯尼公司的影片内容开始向着其他国家的文学、故事题材扩展，丰富了影片内容，拓展了创作思路，产生出了诸如《狮子王》、《风中奇缘》、《花木兰》及《人猿泰山》等作品，让人赏心悦目。

近年来，电脑的运用为迪斯尼公司开拓了新的天地。利用电脑技术，他们在1995年推出了第一部三维动画片《玩具总动员》，之后又陆续推出《海底总动员》等，1999年推出的三维动画大片《恐龙》，将人的创造力推向了极致。那些仿真形象表演毫不逊色于好莱坞大牌明星领衔的影片。这些动画片的极限仿真技术可谓达到登峰造极的程度，甚至有人看过后，都不知道这些片子是用电脑技术创造出来的。通过迪斯尼人的勤劳与创造，直至今天迪斯尼公司在商业动画领域的领先地位仍然无人可及。

2) 梦工场

"梦工场"是在1994年初，由原迪斯尼制片部总裁杰夫利·科兹恩伯格与大导演斯皮尔伯格、音乐巨子大卫·盖芬筹组而成。其中科兹恩伯格曾让迪斯尼动画片达到一个高峰。他从1984起至1994年十年间担任迪斯尼制片部总裁，曾制作出《小美人鱼》、《美女与野兽》、《狮子王》、《阿拉丁》等动画片，创造了辉煌的成绩。"梦工场"的创建，与老牌动画巨头迪斯尼形成了正面竞争的格局。

1998年，梦工场创作的如梦如幻、气势磅礴的《埃及王子》技惊四座、大卖特卖，也让迪斯尼为自己数十年来没有突破性的前进而汗颜。《埃及王子》仿造迪斯尼模式的动画片《黄金国之路》、《小蚁雄兵》、粘土动画片《小鸡快跑》等佳作让梦工场冲破了迪斯尼一家独大的局面，如图1-7所示。

图 1-7　美国动画片《小鸡快跑》

梦工场在 2001 年暑假强档推出《怪物史莱克》(如图 1-8 所示)。让它的对手迪斯尼着实吃了一惊。这部影片让迪斯尼花了 7 年时间费尽心思制作的影片《亚特兰蒂斯：失落的帝国》失去了应有的光彩。更为严重的是，它让迪斯尼投入了 1.7 亿美元拍摄的电影巨作《珍珠港》票房冷淡。究其原因，是因为《怪物史莱克》这部全电脑制作动画片中的史莱克虽然长相丑陋，并且长着绿毛，但却招人喜欢，不仅赢得了无数观众为之青睐，还获得了影评人的高度评价。

图 1-8　美国动画片《怪物史莱克》

3)华纳电影公司

华纳兄弟公司成立于20世纪20年代,直到20世纪30年代才开始了动画片的制作之路,《兔巴哥》、《疯狂曲调》、《达菲鸭》、《快乐旋律》、《猪豆子》、《猫和老鼠》、《谁陷害了兔子罗杰》、《空中大灌篮》、《巨星总动员》等均出自该公司。

4)哥伦比亚公司

哥伦比亚电影公司成立于1920年,开始叫做CBC电影销售公司,它是由H.科恩、J.科恩两兄弟和J.布兰特在好莱坞成立的,他们最初是环球影片公司的员工。该公司出品的影片有《精灵鼠小弟》、《最终幻想》等。

美国动画片经过长期的发展,形成了鲜明的特点。美国动画片在世界动画史上占有重要的地位,它一直引领着世界动画片的潮流和发展方向。

美国动画片的特点:频繁丰富涌出动画周边产品,善于塑造典型,推出动画明星;大团圆结局,悲剧很少,迎合观众心理需求;注重细节刻画,雅俗共赏,迎合观众审美口味;动物形象夸张,成为被广泛借鉴的卡通模式;人物造型设计规范,与原形差别不大,形象优美;数字技术与电影技术结合,使画面达到完美的效果;以剧情片为主,情节曲折,生动有趣,人物性格鲜明,音乐优美动听。

1.4.3 日本动画

从1917年日本开始有动画到1945年日本战败为止。这段时期的前期主要是以世界名著为题材,而后期则由于日本军国主义猖獗,因此动画题材不离宣传、夸耀日本军国主义的路线,如1942年的《海之神兵》即为此类。但是这也造成了战斗、爆炸画技的进步,这也是日本动画最引以为傲的技术。

日本战败后,有些人鉴于战争的教训,开始将反战题材用在动画上。这种题材影响深远,直到现在还颇为流行。另外也有些人尝试不同的动画题材。所以这个时期的动画题材从很有意义到很低级的题材,应有尽有。像1968年《太阳王子大冒险》就是一个成功的例子,从而成为后来高水准动画的基础。

自1974年《宇宙战舰》上演至1982年为止。这个时期日本动画界经过探索期,确定了动画和卡通的分野。卡通不在我们的讨论范围内,所以我们不予置评。《宇宙战舰》是日本动画史上第一部超级剧情片,由松本零士负责脚本及人物。该片在电视上播出后,造成"松本零士旋风"。后来并有《沔纪宇宙战舰》、《永远的大和号》及《宇宙战舰完结篇》等三部电影,寿命长达十年。在该片后,松本零士另有《银河铁道999》、《一千年女王》等受欢迎的作品。继松本零士后,由富野由悠季原作小说改编成《机动战士》在1979年开始上演,由于剧情结构复杂而严密,受到动画迷热烈的支持。该片后来的三部电影非常卖座。但自此以后,动画热逐渐消退,动画界进入间歇期。

自1982年《超时空要塞》(MACROSS)上演至1987年为止,该时期由于人们追求视觉享受成为风潮,因此动画画技力求突破。此时期之画技突破有《超时空要塞》创新的视点快速移动效果,造成极佳的动感;宫崎骏主创的《风之谷》和《天空之城》。精细写实的背景:《机动战士 Z》和《机动战士 ZZ》的强调反光,明暗对比等,皆对后来的动画贡献很大。由于题材已确定,加上画技的突破,使得佳作迭现。如 1982 到 1984 年的《超时空要塞》;1984 年《风之谷》;1985、1986 年《机动战士 Z GUNDAM》及《GUNDAM ZZ》;1986 年《天空之城》及《亚利安》等。日本动画发展至本时期结束时(1987 年),剧情、内容、画技皆已达到极高的水准。于是动画进入了成熟期,如图 1-9 所示。

图 1-9　日本手冢治虫动画《魔神加农》

自1987年到20世纪90年代初,动画进入成熟期后,便出现数部佳片,如《古灵精怪》;电影《机动战士GUNDAM-逆袭》、《王立宇宙军》以及日本电视史上第一部以高中生以上为主要观众对象的文艺动画连续剧《相聚一刻》等。其中《相聚一刻》曾获得1988年日本动画优秀作品排行榜第二名(该年排行第一是《圣斗士星矢》);另外还有《天空战记》、《机动警察》等多部佳作(《天空战记》曾获得1989年动画排行第一名)。当日本动画发展到此后,有人认为幼年观众群已被忽略了四五年,也该考虑制作年龄路线。于是自1987年后半年以来,日本电视上的高年龄层动画逐渐减少,而转向动画电影,以致于造成目前日本动画电视上找不到几部好片,而电影几乎部部精彩的情况,如图1-10所示。

图1-10 日本动画《铁臂阿童木》

自1993年到现在,在画技、制作手法、构思设计方面都日趋成熟的日本动画,开始追求风格上的创新,试图突破原有的模式,以完善的技巧,加上超越时空的构思,带给观众全新的感官冲击。电影《攻壳机动队》(Ghost In The Shell)完全摒弃以往动画明快轻松的风格,阴郁而压抑,冷酷带有对命运的困惑,与人类虽然身处高科技社会,但却无法摆脱不安的未来的彷徨与孤独相呼应。

由庵野秀明监制的电视《新世纪EVANGELION》则选择与以往的热血主角们完全不同的个性自闭少年真嗣为主人公,在看似普通的怪兽交战,保卫地球的情节中,通过真嗣感受到一份渴望被需要,梦想被爱又害怕背叛而在自己与他人之间筑起屏障这种种矛盾与孤寂的心情,从某种程度上来说也是现代人心理的折射。今天,人类对自身的思考也逐渐深刻,而同时日本的动画也开始越来越关注贴近现实与心理方面的剖析,由原本普遍爱与友情的主题转为更加人性的刻画。各方面都日臻完美的日本动画并没有停止发展的脚步,仍然在不断自我完善和突破。

在1983年时,日本动画市场上出现了世界上第一部"Original Video Animation"(简称OVA)——《DALLOS》,为动画在电影、电视市场外,开辟了一个新市场——录影带市场。OVA,顾名思义,就是不在电视或电影院播出,而只出售录影带。除非该片大受欢迎,才有可能在电影院公开而升格为电影。OVA自1983年至现在,已成为动画的重要市场。其中佳作不胜枚举,如《88战区》、《幻梦战记LEDA》、《渥太利亚》、《银河女战士系列、《银河英雄传说》系列、《五星物语》、《古灵精怪》等。

　　说完历史，接下来要谈到为什么动画会受到高年龄层(中学生以上)的欢迎？主要是因为其内容意义深刻，在表面的故事背后，都藏着这部动画的主题，发人深省。如前述OVA佳作《渥太利亚》的剧情：一对原本感情深厚的夫妻(男女主角)，历史"光荣传统"的压力下，不得不互相残杀，女主角已死而其灵魂仍然遵守战前和丈夫所作的约定……在这一部悲剧后，可以找到该片的主题"誓言"和"反战"。又如机动战士系列，综合七部作品来看，该片强调不论历史的教训多么惨烈，仍然会有人重复着无知的罪行、无意义的战争，以及悲惨的结局。由此可知该片的主题即为"轮回"，人类永远无法完全脱离战争的威胁，永远会重复着愚蠢的战斗。正如《机动战士Z》一本别册封面的标题："We Saw The Tears Of Age, Felt Grief In Own Space."由于日本动画的含义都很深远但不明言，让观众自己去体会，所以每一次重看多少都会有新的感受，因此动画会受一些高年龄层的喜爱。

　　当然，动画的内容不都是严肃的，也有在严肃题材中加入幽默成分的。这类动画中最有名的就是《福星小子》系列。另外还有清新的文艺剧、活泼的校园剧等其他内容。在内容方面目前日本动画是独步全球的。甚至部分美国电影都不见得比日本动画来得深远。所以日本动画已成功打入美国市场，并颇受好评。

　　接下来我们谈到画技。画技对一部动画来说非常重要。在自然界的描写和动物的动作表现上，美国动画的技术是首屈一指的。美国动画强调自然、柔和，日本动画则强调明暗对比、远近焦距分别，以及速度感、跃动感，借鉴并使用电影上的蒙太奇手法。

　　动作中速度感表现得最好的大概是《超音战士》了。它利用加强视觉残留现象的画法，在每秒32张的限制下，达到爆炸性的动感效果。另外如《机动战士——逆袭》中用每秒80张的空前魄力作画来表现战斗画面的速度感，也是一种特殊技术。而《风之谷》、《天空之城》、《王立宇宙军》及《机动警察》的精密写实背景，亦为美国所望尘莫及。使用了45 000张油画，动用数十位艺术家制作12年的世界第一部油绘动画《英雄时代》，看起来别有一番风格。该片在日本放映后好评不断，被公认是世界动画史上的顶尖作品。

　　动画在日本流行的结果，连带造成日本社会现象的改变。如1983年《超时空要塞》流行时，街头随处可见主角林明美的海报，就好像真有这个歌星存在似的。另外有许多团体每年举办的各种动画排行榜及类似小规模的动画欣赏会。电视上也会随时以影片形式播放过去的优良动画作品。另外动画在日常生活中的影响就更大了。以杂志为例，目前日本市场上有四种动画杂志：《Newtype》、《Animage》、《Anime V》及《Animedia》。除了《Anime V》以OVA市场为主要报导外，其余三种都是广泛取材。其中角川书店发行的《Newtype》，在日本销售量仅次于《Non-No》，为全日本销售量第二的杂志。另外，动画亦有各种附属商品，如：垫板、笔记本、海报、电话卡、铅笔盒，甚至还有钱包等，不胜枚举。在日本各地都有许多专卖动画附属品的连锁商店。而在动画迷之中，也组成了数百个以上的各种动画俱乐部，并发行会刊。由此可见动画已成为日本文化中极重要的一环。

　　自1985年以来，由于日本多所动画学院的设立，而造成人才过多现象。于是大量人才外流美国,造成美国动画画技的突飞猛进。同时日本动画也开始在美国电视上播放。由于日本动画风格完全不同于美国动画,因此受到美国观众热烈的支持。1987年更有全美第一种日本动画专门杂志《ANIMAG》在美国加州大学柏克莱分校创刊。在香港,1987年《风之谷》、《天空之城》参加香港国际电影节后,因而动画便大量涌入香港,使香港掀起"动画旋风"。动画的唱片、CD、录影带和镭射影碟都和日本同步发行,在1988年7月时香港亦和日本合办了"香港第一届日本动画映展"。而台湾从1985年起,中视播出《超时空要塞》、《机甲创世纪 MOSPEADA》,而

图1-11 日本动画
《豪尔的移动城堡》

华视播出《超时空世纪 ORGUSS》,吸引不少人进入动画的世界,使得动画在台湾逐渐受到重视。现在,台湾有了动画专卖店,在市面上也可以见到动画录影带及各种动画周边产品,在杂志方面也有了《先锋动画》及《神奇地带》等动画杂志,如图1-11所示。

1.5 动画制作流程

　　动画片的制作过程十分繁复,需要花费大量的时间与精力,尤其是影院动画长片,至少要耗费数年的时间,集合数十人至数百人的工作团队来制作。我们现在可以总结前人的经验,把动画的制作分为前期、中期、后期三个阶段。

1.5.1 前期

　　前期策划是将抽象的灵感化为具体、完整的视觉影像。在开始具体的工作前,需要收集大量资料,集思广益决定最合适的制作方向、影片风格,并且调查观众接受程度。这些看似投入人力、财力很少的准备工作其实最为重要,它决定了一部影片品质的优劣。

一些核心的创作人员并不是全程参与动画的制作，因此前期策划必须做得明确，以确保中期和后期制作拥有坚实的基础和明确的方向。因为前期策划如此的重要，它在整个制作过程中所占的时间比例是最大的。前期策划的具体任务包括：故事构思、文学剧本、色调气氛、造型设计、场景设计、分镜头、对白录制、合成的镜头分层规划等。

1.5.2　中期

中期制作是让静态画面"动"起来的过程。参与中期制作的人员数量非常庞大，分工细致、各自独立。中期制作的每一个环节都需要严格遵守前期策划阶段所订各项规格、指令，以保证画面效果的一致。

中期制作的具体任务包括：绘制设计稿、背景、原动画、中间动画、动作检查、扫描并电脑上色（传统工艺：绘制在赛璐珞片上、描线、上色、校对、拍摄）。

1.5.3　后期

后期制作是对影片作最后的修饰与整合。在这个阶段中，主要的工作是剪辑、特效、合成，和声音方面的混录以及最终的影音输出（传统工艺：冲洗胶片、剪辑、特效、合成、声音混录、套片、最终洗印、输出成其他放映格式）。

1.6　动画的类型

对动画进行分类研究，对了解动画的特征与功能大有裨益。动画可从"技术形式"和"传播途径"两个方面进行分类。

以制作动画所使用的技术形式来分类，共分为：平面动画、立体动画、电脑动画与其他形式。

平面动画与立体动画都源于视觉暂留的原理，拍摄定格的画面，再连续播放形成动态动作。这两种动画分类的差异在于"摄影机的摆放方式"：平面动画的摄影 90 度拍摄画面，而立体动画比较接近电影的拍摄方法，角色在搭建的三维空间或者是真实环境中被摆拍，摄影机的工作方式类似电影摄影。

电脑动画是指由创作者指定关键帧（起始帧和结束帧）之后，电脑自动生成连续动作帧的动画技术，包括电脑三维动画与电脑二维动画。有一些手绘动画，图画绘制在纸上之后扫描进电脑上色，或直接使用电脑绘图和上色，这类动画的中连续动作帧还是由动画师一张张绘制，所以即使使用电脑处理画面，也不属于电脑动画的范围。

超出以上三项分类范畴的动画技术，我们把它们归在"其他形式"。

平面动画包括：手绘动画、剪纸动画、沙动画与玻璃动画等。

立体动画包括：偶动画、实物动画、真人动画等。

电脑动画包括制作二维和三维动画、合成与特效等。

其他形式包括复合材料、逐格描绘等。

动画按照传播途径分,可分为影院动画、电视动画、网络动画、新兴媒体等。

直到现在,创作者们仍然在挖掘动画无穷的表现力,各种新颖的技术形式与视觉效果刺激着我们对于动画的想象。未来,传播媒体的界限越来越模糊,电影动画可在手机上播放、网络动画可以在电视上播放;动画制作技术越来越多地被跨界使用,电脑三维动画融合平面手绘动画、剪纸动画融合实物动画……这些现有的动画技术形式任意地组合,就可以产生无数的动画技术新形式。

1.7 动画工具

动画的工具中除了纸笔外,最为重要的工具首推定位工具了,我们都知道动画是由一张张绘有连续动作的动画纸所构成,所以必须有统一标准的规定模式从作画到摄影一路依循。

1.7.1 定位尺

主要为动画所使用,容易携带,方便使用,旨在固定几张原动画的位置,如图1-12所示。

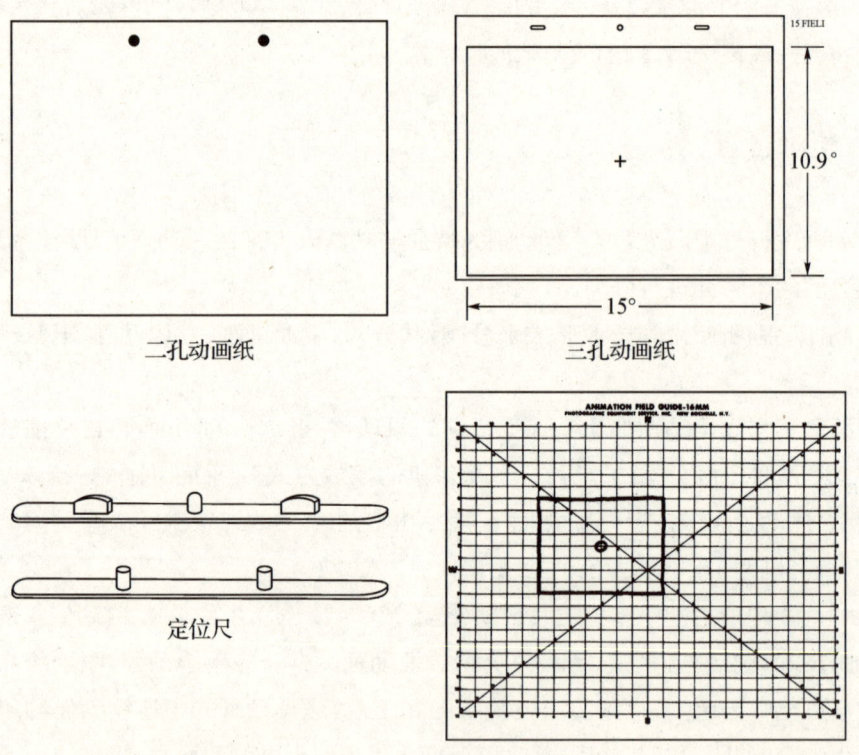

图1-12 动画工具

1.7.2 拷贝台

为了能看到前后两张图的位置和不同人物彼此动作的连贯性,就必须透过一片毛玻璃由下透光来作业,灯箱就必不可少。除了毛玻璃外,灯箱常结合定位尺或定位圆盘一起使用,如图1-13所示。

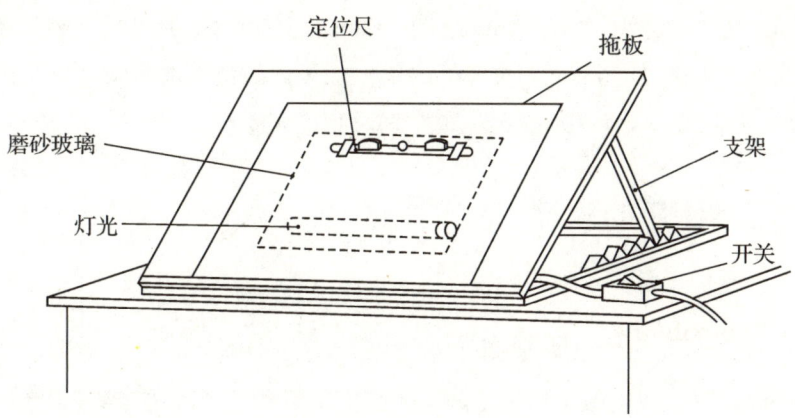

图1-13 拷贝台

1.7.3 数位板

进入21世纪以来,数字和电子化以惊人的速度冲击着社会的发展。同时以它超前的科学理念和实践赢得了人们的喜爱,并在社会上迅速发展、壮大起来。动画界也不例外,很多动画作者放下画笔开始了创作效率更高的电脑作画。据统计,国内有65%的动画作品来自于电脑绘画,动漫设计开始从全手工转向数码化。大家可以在很多地方看到用电脑来设计、创作的卡通动画,如图1-14所示。

图1-14 数位板

目前电脑动画绘制中最常用的硬件工具就是数位板,使用它能够很方便地帮助动画师使用电脑和绘图软件直接绘制动画。

数位板的主要参数有感应技术、压感级数、书写方式、个性化造型以及识别率。其中压感级数是关键参数,比如手写板标称压感级数 512 级,也就是说利用手写笔笔尖从接触手写板到下压 100 克力,约在 5 mm 之间的细电磁变化中区分 512 个级数,手写笔将这些信息反馈给计算机,从而形成粗细不同的笔触效果。数位板能真实地反映出输入笔画的笔迹,对专业的艺术设计和从事美术工作来说非常有益处。

1.8 动画所使用的软件

1.8.1 PhotoShop

PhotoShopCS 及以上版本提供了丰富的画笔工具和艺术画笔工具,大大增强了手绘动画方面的能力。

钢笔工具主要用于绘制各种路径,能够绘制各种动画图形。

形状工具中包含的各种自定的形状帮助用户不费吹灰之力创建各种基础形状,为动画创作减少很多工作时间。PhotoShop 的笔刷可以让我们轻松完成上色任务,如图 1-15 所示。

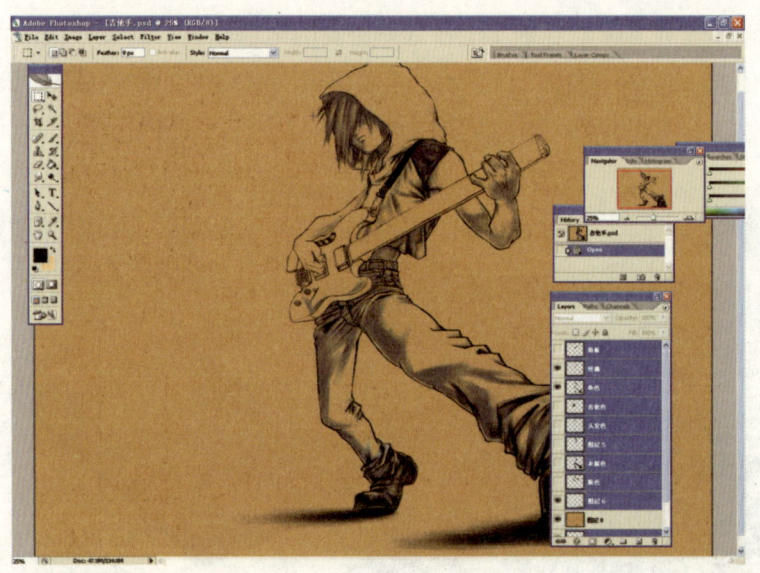

图 1-15 PhotoShop 软件界面

1.8.2 Painter

Painter 软件最为重要的特色就是它能够模拟各种画笔的丰富效果,在绘图时最好能够结合数位板一起使用,轻松绘制各种精彩的卡通动画效果。

1.8.3 Illustrator

Illustrator 在绘制动画上的功能也比较强大,由于其是一个矢量绘图工具,所以在绘制各种卡通以及动漫图中起到了非常大的作用,目前动漫的绘制使用该软件很多。各种标识、广告和招贴都是使用它创作的。

1.8.4 Flash

　　Flash 的图形绘制并不是强项,但它强大的交互动画功能为真正的动画制作提供了强有力的支持。

　　学习艺术所用的电脑如果经济条件可以的话,尽量能够把显示器和显卡放在比较高些的层次,如果显示器不能准确的显示出颜色的话,我们的作品拿出去就会出现失色的后果,显卡主要是为了我们创作的时候能够流畅地运行软件,如图 1-16 所示。

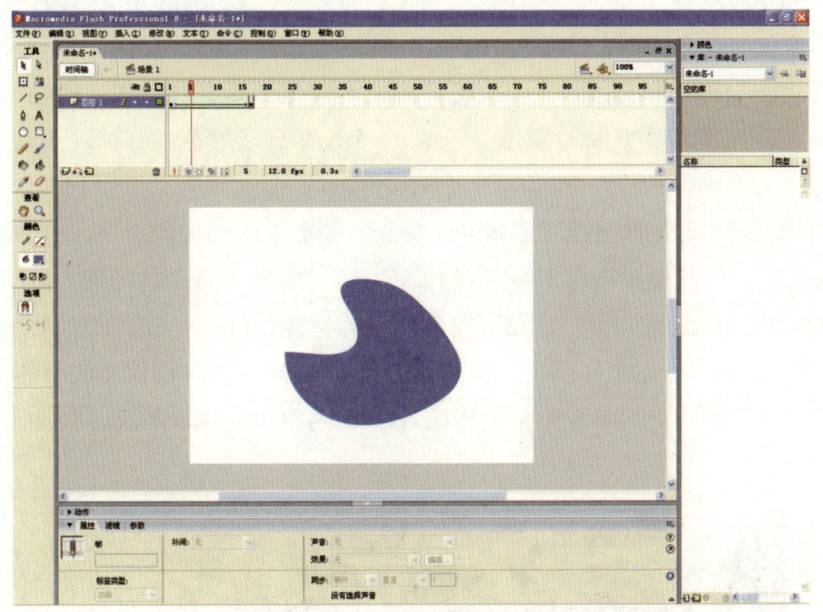

图 1-16　Flash 软件界面

1.8.5 Toon boom studio

　　这是一种模拟传统动画制作的绘画软件,功能上基本分为两大部分。一部分是绘图部分,有容易使用的线条功能,有传统使用的律表、安全框和夙盘,更有灯箱功能,可透视上下共 8 层的动画层,各种复杂、翻转、缩放功能,很符合传统动画制作的习惯。另一部分为剪辑部分,具有推、拉等镜头运用的功能,但调色盘功能比较一般。

1.8.6 After Effects

　　Adobe After Effects 适用于从事设计和视频特技的机构,包括电视台、动画制作公司、个人后期制作工作室以及多媒体工作室。而在新兴的用户群,如网页设计师和图形设计师中,也开始有越来越多的人在使用 After Effects。新版本的 After Effects 带来了前所未有的卓越功能,在影像合成、动画、视觉效果、非线性编辑、设计动画样稿、多媒体和网页动画方面都有其发挥余地,属于层类型后期软件。

另外有一些专用的剪辑软件,有兴趣也可多接触。严格来说,电脑动画的发展时间并不长,但却创造出极为惊人的成绩,而且拓展出广大的应用范围,如影视、广告、工业制造、航空模拟、数学应用等,传统动画的从事者,必须多掌握和应用。

1.9 动画编剧

"剧本"是动画制作流程的第一道工序。一个好的剧本是一部成功动画片的基础,有趣的剧本可能被失败的导演拍成无趣的影片,但是无趣的剧本再也不可能变成有趣的影片。动画编剧应具备"影像思式",也就是要以视听语言与动画的角度出发来表达情节,剧本写作应该将角色的内心情绪"外化"成为情境与具体的细节写作,而不是抽象、隐晦的文字描写剧本具有特定的写作格式用于将文字转化为具有视觉表达的描述。和小说不同的是,剧本由"场景"的概念来区分段落,一个场景代表"同一时间、同一地点"中发生的事件。

学习动画剧本的创作者除了必要的文学能力和影视基础知识之外,还要熟悉动画制作的有关知识。同其他影视剧本编撰所不同的是,动画剧本必须是动画力量所能够实现的,而剧本也要符合动画的能力所及,符合动画的特性、特色。一般而言,动画剧本较少受时空、形式的局限。动画作品是一种精神上的艺术设计,它不仅仅是简单的连续画面,而是通过文学与图画交织组合起来的作品,漫画是空间的艺术,动画还要加上时间的艺术,如图1-17所示。

图1-17 工作人员在讨论动画创作

剧本的内容包括:序号、场景、日景、夜景、内景、外景、对于时间与空间的概括对白、角色的动作说明等。

单纯地从画面入手或从文字入手的剧本编撰都是有局限的。

剧本的撰写涉及的主要内容包括选题、思路结构、叙述描写,创作形式包括原著改编或移植,最后是将剧本转化为脚本的过程。在动画剧本的创作过程中,画面感是非常重要的,而剧本的编写要注意以下三个重点。

1.9.1 剧情的四要素

角色、动机、障碍、冲突是构成剧情的四个要素。动机创造角色。为了使角色在故事中尽情地表演,角色必须要有动机。故事中的人物被他们的需求激发着:一个流浪汉因为感到饥饿而需要食物;一个有权威的新闻巨头需要金钱和权力。由此可见,角色想要什么和需要什么将决定他们在观众面前所扮演的身份。通过了解角色是如何追求他们的需求,观众才能把握角色的性格。障碍产生冲突。如果你能为角色制造动机,那么你也能为角色制造障碍,从而使故事情节变得更加有趣。冲突产生剧情。故事需要描述冲突的情节,冲突越大,故事越复杂、越充实。复杂性可能增加了故事的趣味性,当然也需要保证故事线索的清晰,不会因为太追求复杂而使故事显得过分繁琐。

一般来说,故事中有一个主要的动机和冲突,同时也有几个数量有限的次要冲突,两者可以增加故事的趣味性。故事是一个循环的事物,角色被动机驱动,障碍阻塞道路并引起冲突,冲突又进一步定义角色。好的故事赋予角色动机、冲突和行动的路线。没有这些,动画的角色就不会真正有生命。

1.9.2 视觉的重要性

动画片的剧本与真人表演的故事片剧本有很大不同,在这里最重要的是用画面表现视觉动作。作者在写小说时,可能会深入到角色的心里,向你讲述她或他在想什么,但在撰写剧本时,我们不能用简单的语言来描述角色的内心活动,而必须把这种感觉用动作表现出来。因为观众看到的不是剧本,而是影片。角色的行为在观众面前显示了他的性格特征。所以,可以通过探讨他的性格和他的感情变化来讲述故事。行为可以用来真正定义角色,直到角色产生行为时,观众才会认识角色是谁。在考虑视觉的问题上,不单是单个画面的概念,而要始终具有流畅的镜头感,动画不同于漫画的主要区别是具有运动性。

对于学生首次创作动画片来说,最好是让电影短小精悍,这意味着要遵循角色少和奋力而行的原则。通常4、5分钟就足够了,超过5分钟的电影需要花费更大的精力,甚至多人合作。一旦有了一个构思,你就需要问一些关于影片如何制作这一严肃而又客观的问题。首先要问的第一个问题是影片是否能被制作。例如,如果是一个关于鱼的故事,你就需要创作水。如果是一个关于理发师的故事,你就需要创作逼真的头发。软件是否有能力处理假想中要求的那种类型的镜头和角色?如果没有,就要选择另一种假想或将假想放到另一个背景中。接着需要考虑影片的长度。一些故事不能在几分钟内讲完,尽管在这段时间内安排了这么多内容。许多商业广告在60秒内就能讲述一个精彩的小故事。虽然假想很好、很多,但在这么多的想法中,在卡通片中并不能一一用上,需要去除一部分，只保留使电影更有感染力的最好的素材。每一个多余的素材都意味着要完成额外的动画制作。总之，创作故事的时候，可能会更改一些次要的情节，但故事的核心应保持不变。应该创作出精彩的故事情节，这是创作一部好影片的基础。

随着电脑在动画中的广泛应用，电脑的优势和局限性并存。在剧本编撰这一阶段，创作者应该比较明确影片的画面、动作、情节、特效在制作时的可行性，其中，要考虑到制作规模和成本的问题。精彩有趣的剧本如果大大超出制作的工期、成本和过分超越技术的可能只会使作品难以制作完成，创作者要适当把握剧本的质和量的关系，平衡各方面的能力、要求和局限，达到最好的平衡点。事实上剧本的创作要尽量注意每一个小的细节，也不宜面面俱到，一部动画片不要处处皆是亮点，好的剧本是通过对比产生冲突和美感的。

第2章
动画造型设计

　　动画造型设计包括"角色造型设计"与"道具造型设计"。

　　角色造型设计的工作相当于实拍电影中的"选角"。选择外表形态、特点和剧本特色相符合的演员，可以事半功倍地演绎剧情。有一些从心理学角度出发的类型化角色设计法，可以更快速地让观众了解角色的个性，例如英雄人物通常拥有宽阔的肩膀，通常是圆形或弧线型的体态，忧郁的人通常脸形呈倒三角形。角色的造型设计首先要符合动画片的整体风格。影片表现的是悲剧还是喜剧，都会影响角色形象的创作方向。角色的造型与性格、动作息息相关，在创造角色形象之初，通常是依循剧本中提供的线索尽情地发挥，之后再从众多的图中选取最合适的造型。在设计角色造型时，应该将它视为一种"视觉符号"，从线条、比例到色彩考虑如何才能体现导演的意图，如何可以更准确地传达角色的性格与在影片中的地位。设计角色的线条、比例、色彩时，要一并考虑配角、道具、背景的设计，要注意避免角色在场景中被其他的角色、物件抢去了风采，如图2-1所示的《小鸡快跑》中的多个角色设计。

　　在完成了角色造型图之后，使用泥偶塑造角色的立体造型可以让其他动画制作人更清楚地了解角色的身体结构，有助于激发动作设计时的创作灵感。角色造型设计的图表包括：标准造型图、转面图、比例图、结构图、服装道具图、与习惯动作图、口型图，如图2-2所示。

　　道具包括了在剧情中有叙事作用的动物、交通工具、器械、日常用品等。设计师需要仔细绘制这些道具的标准造型图与转面图，并将必要的细节放大描绘，动画制作人员参考。设计的主要构成因素是"空间"与"光影"。

　　动画中的人物是很独特的一群，不仅思想怪异，行为夸张，而且经常是市井中的哲学家，一代人的典范。对于动画中的人物来说，个性就是生命，夸张就是生活，这与文学真

图 2-1 《小鸡快跑》造型设计

是大大的不同。但是这些人的存在又必须是合理的,他们的性格应该可以支持他们自己演出整个故事。动画中的人物是因为思想生存的,这些思想就是主题,角色的创作在我们开始进行插图的创作开始时,就该在我们头脑中形成,对角色的一些概念角色创造出来可能会很有创意,但是它可能不会符合整个主题的需要,本节将会告诉你怎样设计一个角色,你将会清楚地知道设计角色的方法,去提高设计角色与其道

图 2-2 动画人物表情设计

具等物品的方法。动画家创造出不同的角色用来讲故事,与小说描写角色同样道理,这些角色的设计等符合他们所要讲述的世界观,一个好的有视觉冲击力的角色可以加深读者印象,角色设计存在于电视、电影、游戏中,而且在不断地发展,媒介把读者作为观众给他们呈现出视觉化的角色和环境,在读者的理解不太统一的情况下,我们给他一个最接近于他们所理解的形象,这就是角色设计的任务,如图 2-3 所示的人物草图设计。

图 2-3 人物草图设计

　　从读者的角度看,他们在视觉方面有很多的先前的经验,在我们小时候,我们可能会听到或从一些小说中读到一些特别的人物形象,但是我们从来没有见过如此特别的形象,而且我们也没有先前所见过的经验去催生我们的想象,现在我们可以通过动画或者是电影的形式来表现出来,让动画来指引读者的想象,让他们看到他们所想看到的形象,如图 2-4 所示。

　　我们自己在创作的时候可能会忽略考虑我们形象设计是为了用于什么方面,它们可能会被用于动画、游戏。由于我们个人的观点不同所以自己在创作过程中很难决定角色设计是否比较好了,因为一个形象对于你来说可能符合你的口味,但对别人来说却未必,大多数角色设计的过程都是处于模棱两可中,在添加和删除中徘徊,如图 2-5、图 2-6 所示的这两幅日本动画中的人物形象设计。

　　毫无疑问,角色设计是一门艺术,一个好的角色有血有肉,在纸上呼之欲出。我们在做动画创作的时候也都想在一个舒适的环境中,拿着铅笔随手画着我们想画的形象,因为我们觉得我们学习了那么长时间的绘画,有的同学从小学就开始学习绘画了,做个角色设计没有什么问题,但事实不是这样的,即使是一个画家,一个很好的画家,也不一定是一个可以从事角色设计的人。

　　动画的角色有特定的规律,许多同学在碰壁之后开始寻找一种方法或规律来帮助他们创作。事实上,在掌握了基本的技能之后,他们创作时可以更加自由地表现自己的想法,可以按照一定的规律来创作角色,任何技能都不是与生俱来的,都是在不断的练习中获取的。

图2-4 草图设计

图2-5 《合金装备》人物造型设计

图2-6 日本动画《ONE PIECE》造型设计

什么是好的角色？好的角色应是不多不少的创造出的一个角色，如中国古语所说的"添一分则肥，减一分则瘦"，要求刚刚好，还要能够符合动画总体的基调，如图2-7所示。

图2-7 动物角色造型设计

在设计结束的时候，我们通常都要考虑角色的实际用途。如果不符合题材要求就没有实际的应用价值，只能成为创作者自己的练习了。任何的事情都讲究方式方法，所以寻找一种角色设计的方法是相当重要的，不讲究方法就像是蒙上眼睛走路，我们都会走错路，还有可能碰得头破血流，所以如果你在你的速写本上没有指导的乱涂乱画，没有任何方向，你的角色设计进步会相当慢，如图2-8所示。

由于很多原因，大多数绘画的人都是跳跃性思维，喜欢在没有任何计划下的状态下进行绘画，这是因为在这种状态下最放松，可以画很多，不必为一些细节而操心。我们这样信手由缰地画着草稿期盼着能够

图2-8 角色造型类的插图

撞出一个主意来，有时候在运气的帮助下可以找到一个主意来，但大多数的时候我们手里的是一堆没什么价值的图像。

有一种好的方法就是带着一个问题去绘画,这样不但可以提高工作效率,而且可以降低失败的几率,更好地为我们的动画服务,如图2-9所示的在相同绘画风格下表现的不同的形象。

图2-9　角色造型设计图

当我们开始设计时有一些描绘性的语言会摆在我们的面前,比如说"很大的长毛怪物",我们的脑子里就要带着问题或者联系题材来分析:"大"有多大?"长毛"有多长?对这两个形容词不同的理解就会有很多的形象,这时候理解上下文动画题材的需要就很重要,联系理解后,我们可以把这些问题分解为若干小问题,一个个地解决,在脑中形成了大概的印象,在问题解决后,我们脑中肯定是有多个概念或主意要表达,这时候我们要做的是找到最好的一个。当不知道该选择哪个的时候,我们可以找另外的人来帮你看一下你的角色,因为你的眼光经过了长时间的观察已经和当初的想法有些不同了,另外一个人的眼光是全新的,他可以告诉你还有哪些地方有些问题。第一个设计的形象不一定是最好的,但是这却是在你的脑子里面印象最深刻的一个,如果经过一番修改还发现第一个是最好的,那么不要犹豫,就采用第一个形象,如图2-10所示的同一个人物形象所设计的不同版本。

在我们解决了所有的问题之后,我们看着我们创作的形象,回顾我们思考创作的过程,有这样的经历后,使得我们的能力得到提高。

如果角色有明确的市场定位,任何创作的人都要搞清楚自己手中设计的角色形象最大的观众群是哪些人,年龄层次是什么样的,文化层次是什么样的,市场定位不明确的动画终将会走向失败,因此我们在进行动画的创作推广之前,还要进行企划,了解读者,了解各年龄层次读者的口味,避免闭门造车,不至于因为没有一个明确的方向而使创作陷入泥潭，如图2-11所示。日本动画《铁臂阿童木》中主人公阿童木由于形象平易近人，市场定位准确，多年来不断被用作商业开发，直到今天仍然受到人们欢迎。

图2-10　角色造型设计图

图2-11　阿童木角色

一般的角色创作过程为：

通过对自己设置问题，准确认识到我们要设计的角色是什么样的。把我们提问的问题分为几个小问题，这样会变得比较容易解决，运用能力解决这些被分化开来的小问题，细小的问题被解决了，大问题也就迎刃而解了。把多种创意都画出来之后，挑选一个。把挑出来的角色进行调整，完善。

养成以上良好的创作习惯，对我们今后的创作工作都有很大的帮助。

2.1 角色构思的方法

我们都知道，即使我们有了很多好的建议，想要拥有一个好的创意也是比较难的，创意并不来自真空状态下，灵感总是不那么容易捉摸，大多数的时候我们都闷头坐在桌子前面，在纸上乱涂乱画，轻轻敲打着铅笔，但是这样的创作方式很艰难，而且收效也不大，这时候你可能要怀疑自己是不是缺少设计角色的能力了。其实好的角色设计用在计划和初步构思的时间占整个角色设计时间的很大一部分，其实当我们了解一些动画家创作的过程的时候，我们会发现真正用在画画的时间不是很多，大部分的时间用来构思设计、编辑脚本、安排分格等内容上了，角色设计也要花相当的时间来进行构思，我们将介绍一些对角色构思有帮助的方式：

首先要做的是要放松我们的心情。面对复杂的创意工作我们首先要做的是让我们的大脑放松些，大脑里的思绪不要太多太杂，告诉自己这只是个小问题用不着那么的紧张，心情越放松，灵感光临你身上的几率就会越大，就有更多的机会把你的感觉表达出来。当我们心情平静，注意力集中，便可以开始很好的构思了，观察生活的方法可以帮助我们找到一些感觉，如图2-12所示的《超人总动员》中的形象设计很具生活化。

慢慢地散步，不是剧烈运动，可以帮助我们理清思路，做做白日梦，躺在草地上看看天空的云彩，坐在河边的石头上吹吹风，这些事情既可以帮助我们放松心情，又可以使我们视野开阔，打开思路。

仔细观察每天生活在我们周围的人，这样的话肯定会发现一些以前你从来都没发现过的事情，当我们在考虑角色的原始形态的时候，我们可以使它们接近于我们周围生活的人的容

图2-12 《超人总动员》中的角色设计个性鲜明

貌，个性习惯等，还可以加入一些你同学或朋友的坏毛病在你创作的角色的身上，这样我们的角色会看起来更加具有人性化的特征，使读者感到亲切，当然我们也不能把眼光仅仅局限在我们的生活圈子中，政治家、歌手、演员都可以成为我们角色的原型，成为一个虚构的角色原始形态，如图2-13所示。美国很多动画的角色在演员中都可以找到原型。

和同学、朋友一起进行讨论，大家各抒己见，可以提出很多很好的建议，这些是你一个人很难想到的，但是几个人在一起就可以擦出一些创意的火花，虽然这些建议大多数都是不可用的，但是可用性不是这个讨论的价值所在，而是我们可以找到思考，解决问题的新的角度，如图2-14所示。日本电影

图2-13 《汽车总动员》中的角色设计

《阿基拉》主人公设计，让观众一看便认为他是一个普通的中学生，但在剧情的发展下，他的形象也发生着变化，并且形象的变化跟随人物内心的变化。这样的形象设计更加适合表现影片剧情的变化。

能够找到可用的材料并加以适当的运用是我们从事艺术工作不可缺少的能力，寻找和运用好手中的材料能够给我们带来无穷的灵感，学习使用图书馆，学会使用互联网查找需要的资料是现代人必备的能力，我们可以从互联网上找到任何我们想要的资料，但是网上大量的资料，也会消耗很多的时间，要注意工作的效率。

我们还可以去一些特别的地方，比如带着速写本去动物园，把里面的动物想象成人在那里生活，去车站，看着来回走动的人群，肯定会给我们带来很多的信息，如图2-15所示中的老人在生活中一定存在某种原型。

依据上面的方法，我们角色的基本形态可以确定了，但是要让我们的角色更加有个性，更加有趣，更容易让观众记住，我们还需要对它进行一些艺术上的加工，设计角色并不是设计角色的本身，只有基本形态的角色是很难成功的，如果迪斯尼的米老鼠是个老鼠的模样，估计很难在今天这么受到欢迎。

在这个过程中，我们最好能够少用橡皮擦掉不满意的地方，不要过多的使用橡皮，我们现在不是在画一幅干净整洁的画，而是在创作一个角色，过多的使用橡皮会使我们的

思路受到阻挠,脏脏的画面只是我们创作中的一个过程,我们不要期望我们能一笔定音,不需要任何修改的地方,如图 2-16 中的小丑鱼也有大量的设计草稿。

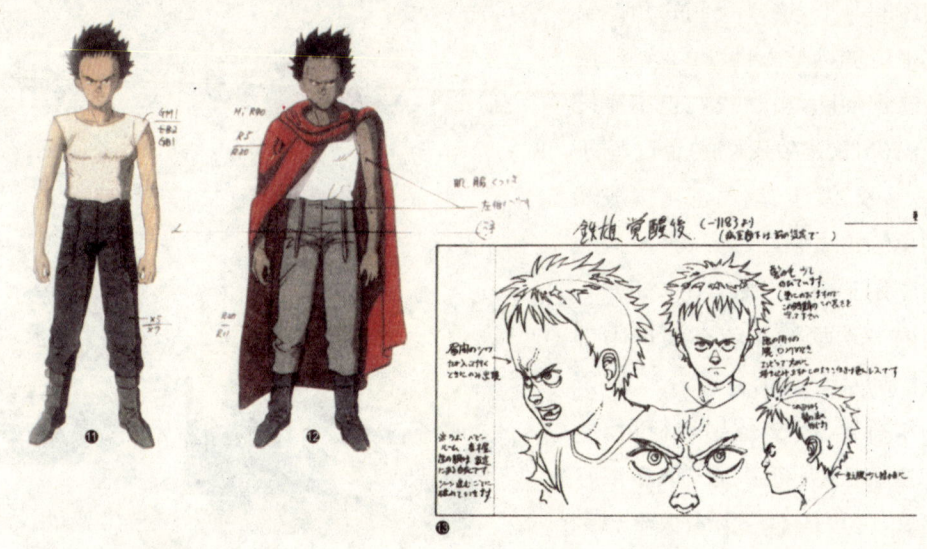

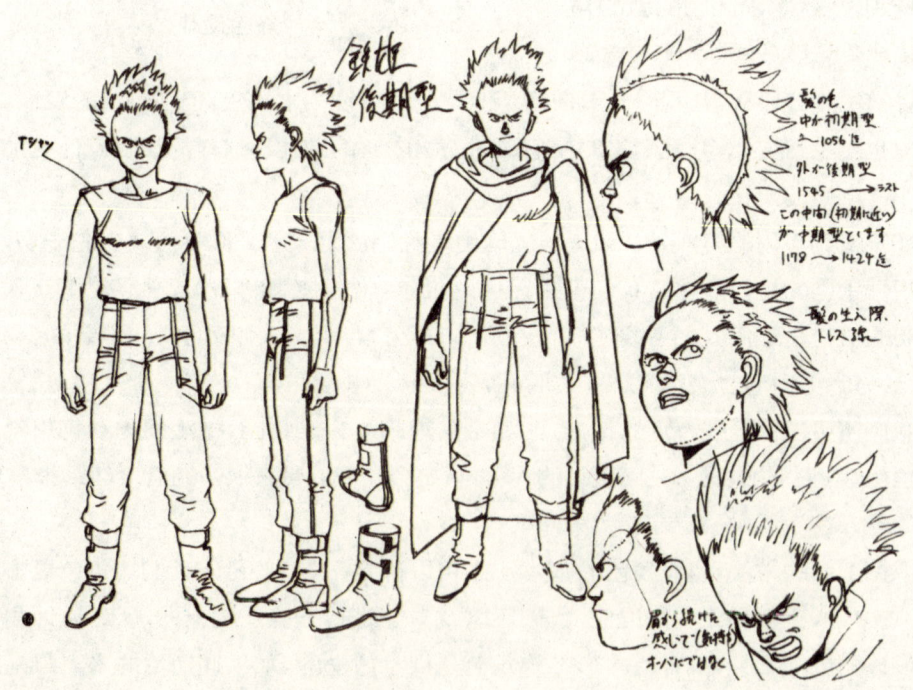

图 2-14 《阿基拉》主人公设计

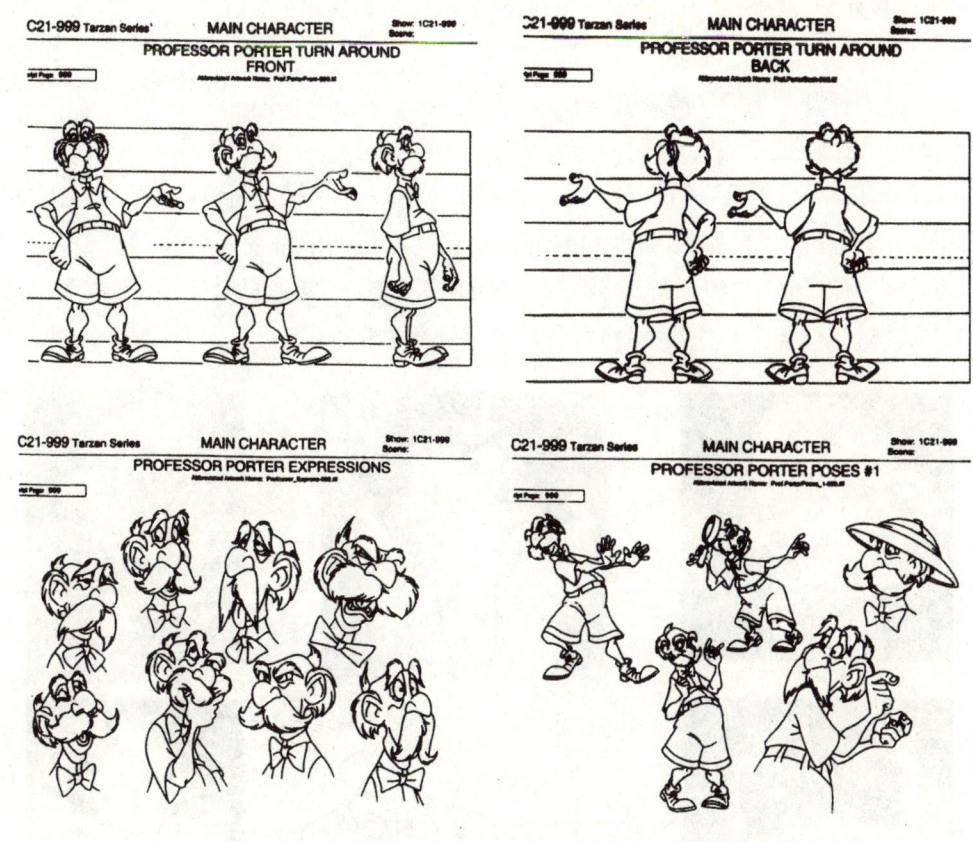

图 2-15 角色转面图

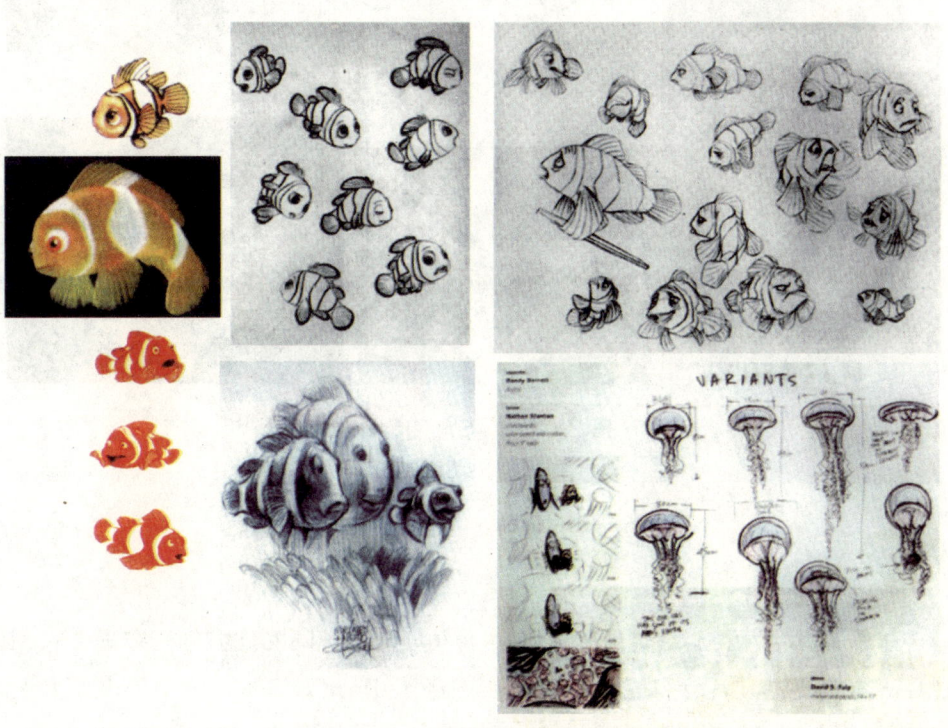

图 2-16 《海底总动员》角色设计

下面我还要介绍一些方法怎样来对原始的形态进行艺术的加工。

2.2 运用幽默将角色动画化

我们可以将我们见到的任何事物都动画化,幽默的作用是不容怀疑的,在创作的过程中使用幽默是很好的主意,幽默的出现不需要我们任何的解释,就可以起到娱乐的效果,而动画又似乎是幽默天生的载体,如果在创作的时候不知道从哪下手,不妨可以使用这个方法试试,如图 2-17 所示,将角色脸谱化具有幽默性。

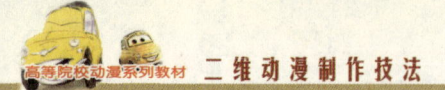

图 2-17 将角色脸谱化

2.3 运用夸张

夸张是幽默不可缺少的一部分,把你认为角色与众不同的地方进行夸张会起到让读者过目不忘的效果,这个手法在各类动画中广泛运用,比如日本动画中美少女大大的眼睛,美国动画中超级英雄发达的肌肉,运用的都是夸张的手法,但是在动画作品中,这样的夸张也能使读者有可信性。在动画中没有什么不可以的。但是这个手法运用的时候也要注意,夸张不是毫无节制的,很多时候我们只是把我们认为角色与众不同的地方夸张一下,夸张也要有个度,手法的运用都是过犹不及的,如图2-18所示。

图2-18 角色设计草图

2.4 运用整合,重复,加与减

把不同的元素整合到一起经常是催生动画家灵感的方法,传说中的牛头马面是怎样诞生的?把人和牛马整合到了一起,龙骑士是把传说中的龙和人类武士整合到一起。把一定数量的元素整合到一起并看看有没有可能,这个方法有点像我们小时候玩的积木游戏,可以把你能想到的元素都写下来,反复考虑怎样组合。重复的手法也是常用的手法之一,它与加与减的手法有些类似,它把相同的概念反复的使用,有时显得比较复杂,《异形》中异形的形象看起来相当复杂,仔细观察它也是有某些形状的重复,与相同手法设计的场景交相辉映,成为经典的造型,加与减就好像是在做数学题目,给形象加上一个元素或减去一个元素,你在这个过程中也可以发现创作的乐趣,如图2-19所示。

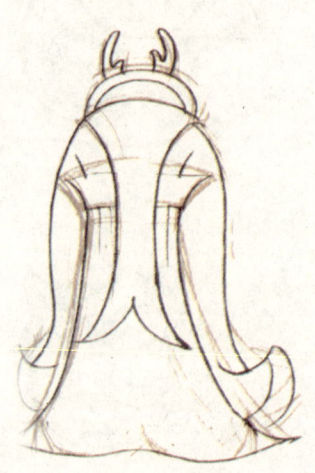

图2-19　角色设计草图

2.5　运用变形

变形可以使我们的角色发生一个戏剧性的变化,最简单且有启发的例子是蝉是由幼虫变的,他们之间的外形差异相当的大,变形一般为从形象的内部发生改变,从而影响了变形的外在形象。变形手法的使用还是有些危险的,因为它比较容易使我们原始形态概念的丢失,如图2-20所示。

前面已经讲过,设计一个角色并不是设计角色的本身,动画类型的不同的角色在动画中表现出来的功能也有所不同,单幅动画不可能像连环动画和动画那样可以通过具体的细节类型来表现角色的生活环境,刻画角色的心理,深刻地塑造一个人物。读者在观赏一幅单幅动画的同时,会对角色的历史,角色的生活产生兴趣,他们会想到这个角色来自什么地方,之前是不是经历了一段很长时间的流浪生涯,它将去哪里,角色的命运到底会怎么样,这些都是读者想从我们作品中想要获取的信息,如图 2-21 所示。

图 2-20　角色设计草图

图 2-21　角色设计草图

观众对角色每天的生活环境感兴趣，一个有血有肉的角色离不开生活的环境。它现在住哪？来自太空吗？那里的生活和地球上一样吗？是生活在水底吗？身上是不是像鱼一样粘粘的，是用鳃呼吸的吗？观众了解了这些信息之后对角色的印象就更加深刻了，如图2-22所示。

其次我们还要考虑的是角色的个性，是外向乐天的还是孤僻内向的，它以前的生活环境对它有什么影响呢？角色应该有个什么样的名字？角色的家庭以及家族是什么样的？角色的原形是依据传说还是文学作品，是不是大部分的读者都知道这个传说和看过这个文学作品呢？等我们解决了这些问题之后，角色的个性就渐渐明了了。

在设计角色时候我们还可以总结出一些规律，比如脸型，有方形、梨形、

图2-22 角色设计草图

三角形、椭圆形等等。依据不同的角色性格，可以选择不同的脸型，对于刻画角色及观众了解角色也有很大帮助，如图2-23、图2-24、图2-25、图2-26所示。

图2-23 方形脸

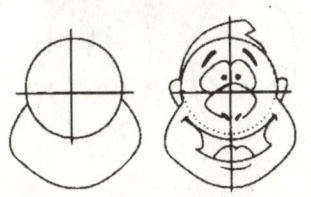

图 2-24　圆形脸

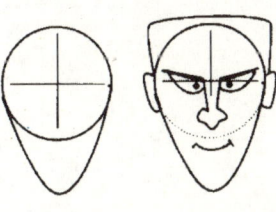

图 2-25　三角形脸

图 2-26 椭圆形脸

与角色形影不离、息息相关的是角色的服饰和道具,有视觉冲击力的道具和服饰通常会给人留下深刻的印象。这些道具可能会与角色有极深的渊源,是故事情节中不可缺少的东西。

第3章 动画分镜头创作

分镜头是将文字剧本转换为图像的一道工序,它确立了影片的画面构成与节奏,如图3-1所示。

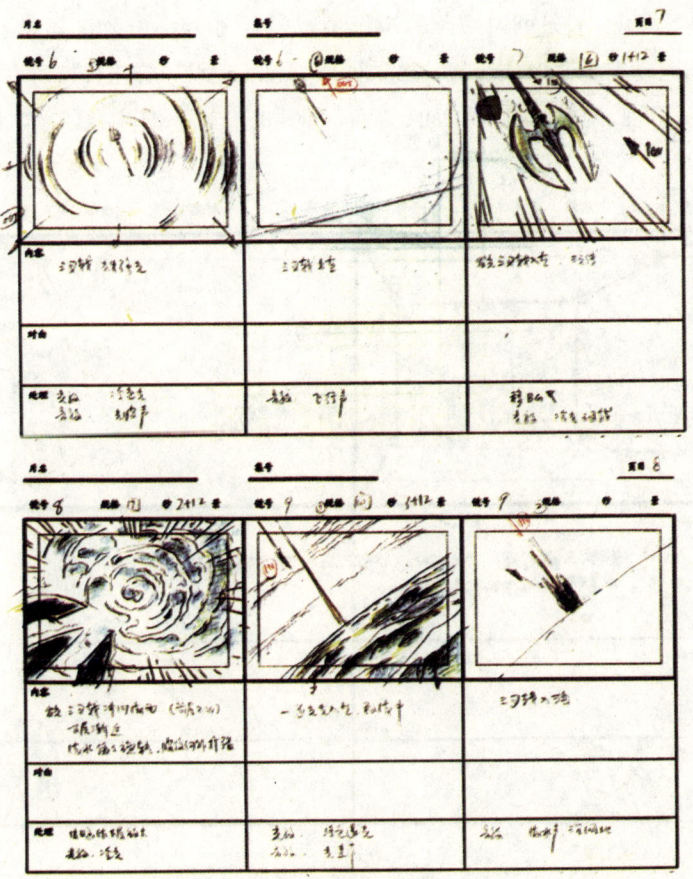

图3-1 动画分镜头的绘制

相当于影片的雏形,分镜头通常由导演亲自来制作。分镜头另外一项重要功能,是让其他制作人员了解影片的意图,并作为绘制时的参考,因此对镜头清晰的描述与指令都十分重要,如图3-2所示。

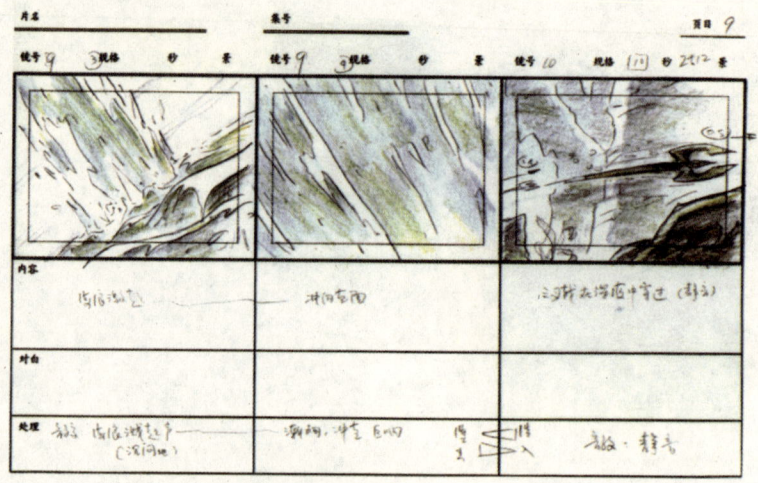

图3-2 动画分镜头的绘制

分镜头的设计决定了画面内容与摄影机运动之间的关系,因此绘制人员需要具备清晰的"镜头设计"概念。"景别":依照所框选景物的尺寸大小分为远景、全景、中景、近景、特写;"摄影机运动":分为固定、推、拉、摇、移、升降、手持、跟拍、特殊拍摄;"摄影机角度":分为仰视、平视、俯视、正面、背面、侧面,如图3-3、图3-4、图3-5、图3-6所示。

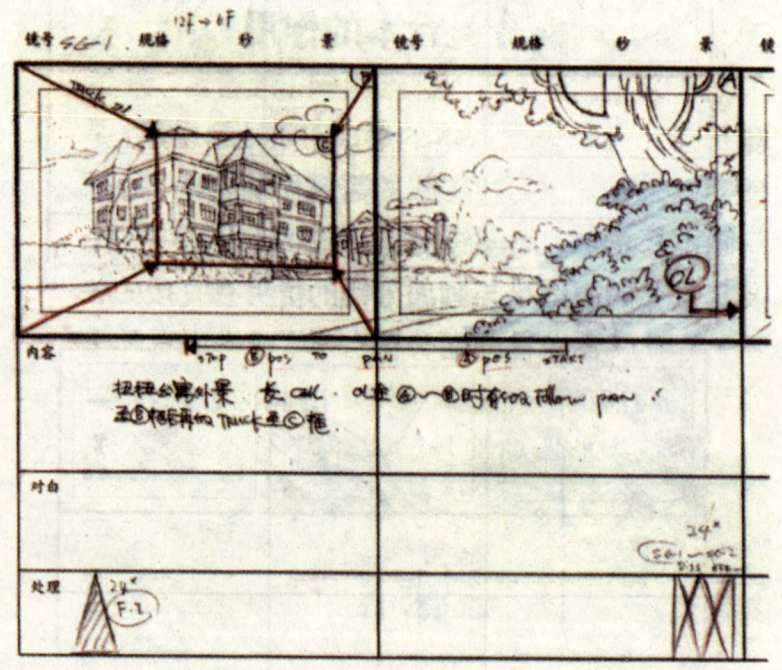

图3-3 动画分镜头中的摄影要求

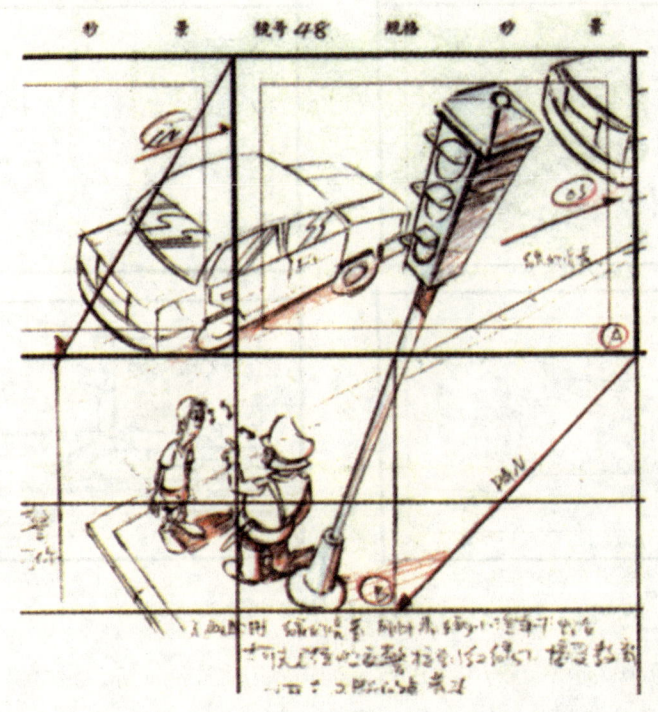

图 3-4　动画分镜头中摄影机方向及位置

图 3-5　动画分镜头中镜头巡视式移动

图 3-6 动画分镜头中镜头表现

另外，绘制分镜头也等于为影片进行了剪辑，所以需要了解各种"剪辑"的技巧，和镜头与镜头之间连接的规则与效果，包括"对话轴线"、"视线轴线"、"运动轴线"等。

分镜头的格式包含镜号、画面内容、重要动作的文字描述、对白、特效或音乐、时间长度。在"画面内容"中，要准确地画出角色的主要动作、运动方向、景别，并且用框线与箭头来代表摄影机的移动方式（推、拉、摇、移）、镜头拍摄的方式（景别、景深）。许多导演所绘制的分镜头十分细致，画面与完成后的影片几乎一致，例如宫崎骏导演和大友克洋导演所绘制的分镜头图本，如图 3-7、图 3-8、图 3-9、图 3-10、图 3-11、图 3-12 所示。

图 3-7 动画分镜头赏析

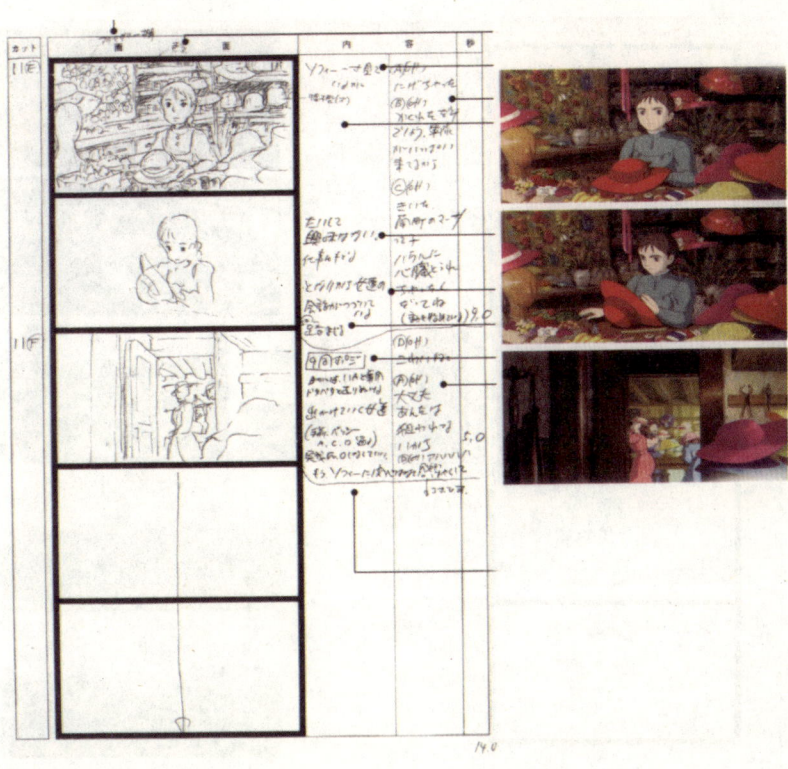

图 3-8 动画分镜头赏析

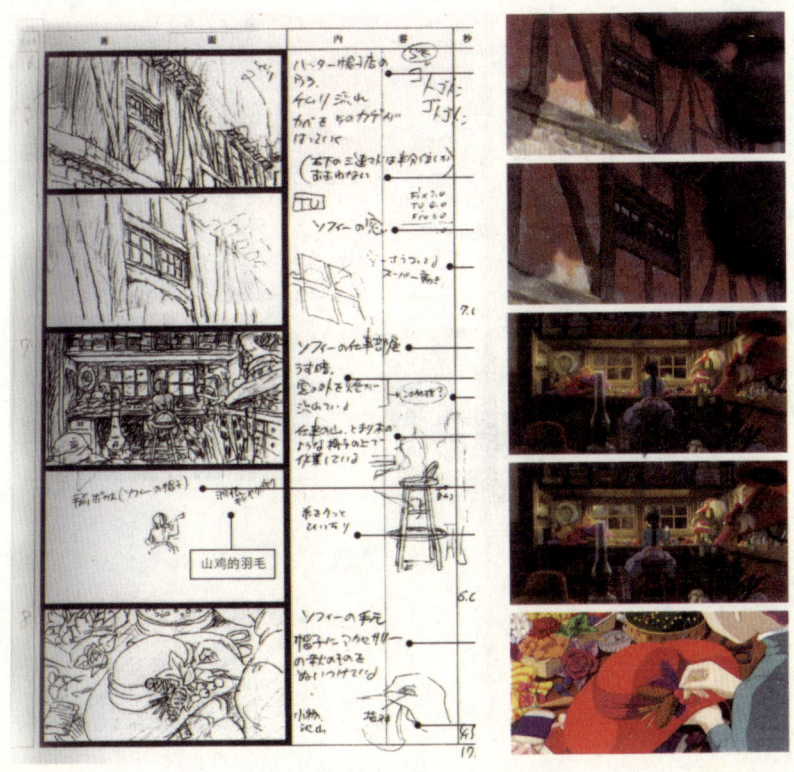

图 3-9 动画分镜头赏析

图 3-10　动画分镜头赏析

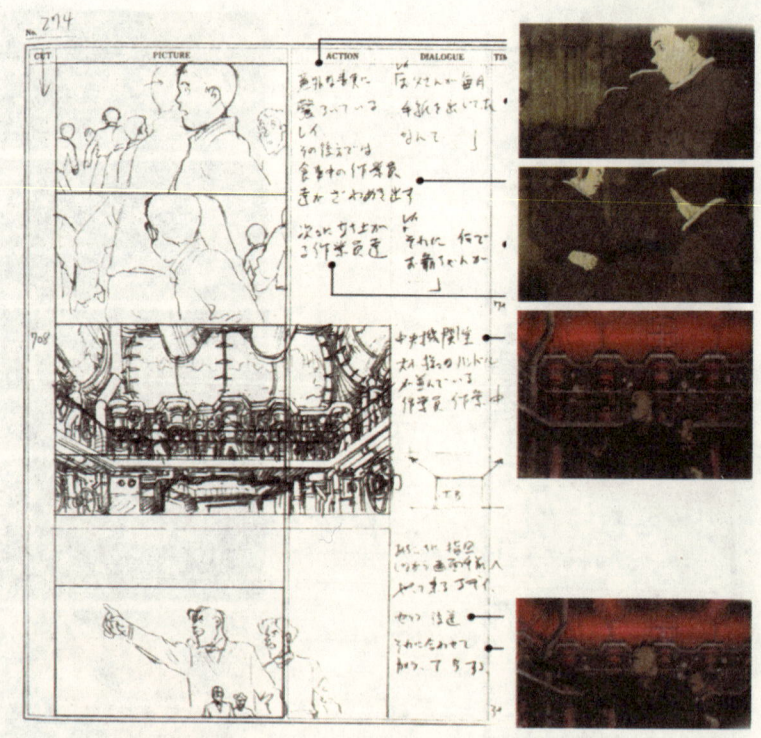

图 3-11　动画分镜头赏析

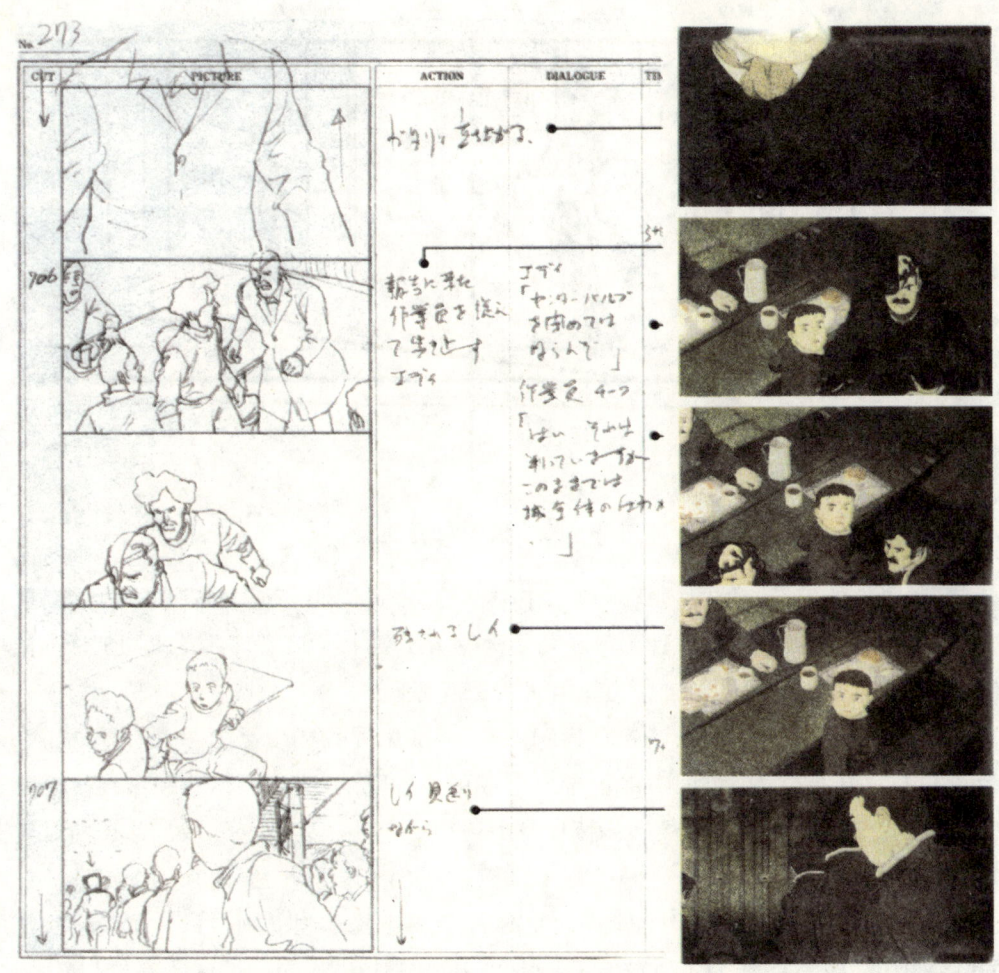

图 3-12 动画分镜头赏析

在"音效与音乐"中所描述的是对于影片中所需声音的要求,例如汽笛声、闹钟声等,它提供给相关人员收集声音资料时的参考。在计算分镜头上标明的"时间"时,创作人员需要考虑对白、角色动作、摄影机运动(如图 3-13)、声效等因素,以秒表精确的计算,作为影片整体节奏的参考。在中期制作时,原画师在这个时间的基础上分析动作,制作成摄影表之后,就不能再轻易更改了。

现在动画片的镜头运用,越来越趋向用电影化的分镜来表现。进行动画片的制作生产,有必要对电影的语言作相对的了解和吸收,这有助于喜爱动漫电影或想要投入动画制作的人进一步认识动漫电影和提升制作水平,以及为未来具备企划能力作准备。本书介绍一些与我们比较有关系的电影语言和镜头的运用,给大家作些参考。

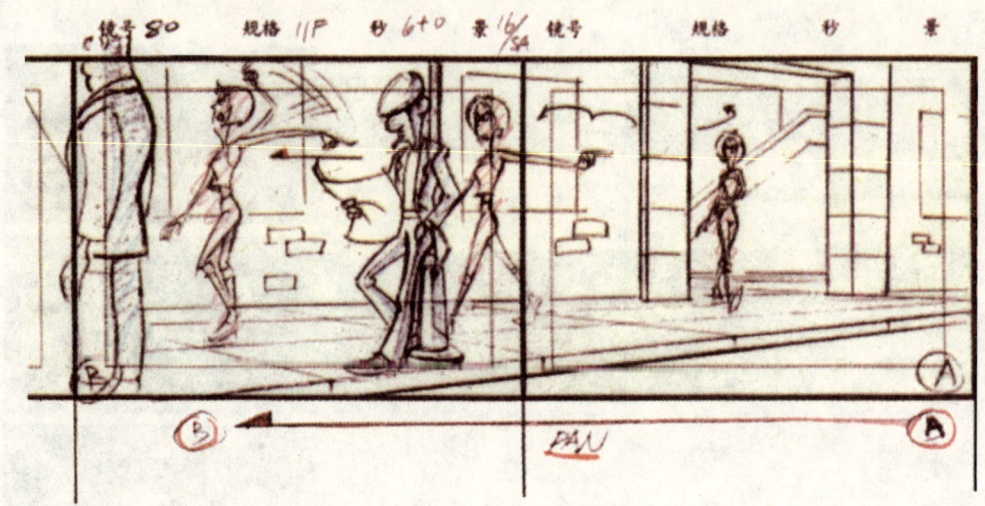

图 3-13 摄影机器运动

在动画片的生产流程中,原动画的工作内容包含了:如何正确了解脚本的内容,明白摄影表所标示的各种指示,并且真正地明了构图上所要求我们了解并完成的工作。这些都取决于原动画人员对电影镜头的基本认识是否充分。

首先,我们先从场景开始谈起。我们知道,一部影片的构成是由一个一个的镜头连接而成的,其剧情的发展过程中常包含数个或更多的段落,这些段落也常常在一个特定地方展开,之后再依据合理的镜头运用,一个镜次一个镜次地组合而成。这个特定地方或许是室内景或许是室外景,我们称它为"场",由这个"场"所切换出来的个别镜头就是"景",几个或更多的场景,再组合成一部完整的故事架构。原动画员只有了解了整部影片的架构和故事发展的过程,才能掌握个别镜头的连景问题,包括情绪的连贯、动作的连景,还有服装、道具等等。

接下来我们谈谈摄影角度的问题,摄影角度基本上可分为主观镜头和客观镜头。客观镜头是从一种边线的观点,也就是从一个旁观者的立场和角度来观察一个事件,客观的摄影角度是非个人的。一般来说摄影师或导演都将它设定为观众的观点。主观镜头,则是从个人观点的角度来拍,观众把银幕中动作作为一种个人的经验,观众成为积极的参与者,与片子中的某人交换位置,透过他的眼睛来观察整个事件。当片中的人物直视镜头时,观众也就会被带入影片情境中,与表演者建立一个眼对眼的对看关系,成为另一个表演者的主观立场。对主观镜头的处理,原动画人员必须注意片中人物的视线角度和位置,这里也会涉及片中人物彼此的比例大小和所处位置高低所形成的视角问题。

分镜头就是把我们要画或者要拍摄的内容画在一个个小格子上,用文字标好时间、镜头号、动作、对白、效果等,它在动画、广告、电影中都有应用。当然动画的分镜头会比其他的分镜头类型复杂些,因为动画在分镜头时要考虑到视觉的连贯性和画页的安排。格子的上下连接就是镜头与镜头的切换,镜头切换产生了蒙太奇,如图3-14所示的是故事板形式的分镜头,它主要表现的是镜头的切换,也就是电影蒙太奇。

图 3-14 故事板形式的分镜头

　　蒙太奇,是影视构成形式和构成方法的总称,是法语 montage 的译音,原是法语建筑学上的一个术语,意为构成和装配,后被借用过来,引申用在电影上就是剪辑和组合,表示镜头的组接。动画蒙太奇就是电影蒙太奇应用到动画中,把一格一格的画面组合成一个画页,再把一个一个画页连接成符合主题要求的完整故事,形成独特的动画语言。简要地说,蒙太奇就是根据动画所要表达的内容,和观众的心理顺序,将连续的动作或事件分别绘制成许多画面,然后再按照原定的构思组接起来。一言以蔽之,蒙太奇就是把分切的画面组接起来的手段。由此可知,蒙太奇就是将绘制下来的画面,按照生活逻辑、推理顺序、作者的观点倾向及其美学原则连接起来的一种方式。作为动画构成的基本手段,它是动画实现其叙事功能的一种"语法修辞",使动画成为一门独特艺术。电影美学家贝拉·巴拉兹认为蒙太奇是电影艺术家按事先构想的一定的顺序,把许多镜头连接起来,结果就使这些画格通过顺序本身而产生某种预期的效果。动画蒙太奇也是一样的,那么我们用动画的语言来说这句话就是:蒙太奇是动画家按事先构想的一定的顺序,把许多画格和画页连接起来,结果就使这些画格通过顺序本身而产生某种预期的效果。可见,蒙太奇指的是一种规则或者顺序,是将动画元素进行组装的规则,如图 3-15 所示是美国动画电影《小马王》中的系列镜头,在本影片中许多镜头的切换节奏与电影的音效相匹配。

图 3-15 依据声音做的镜头绘制

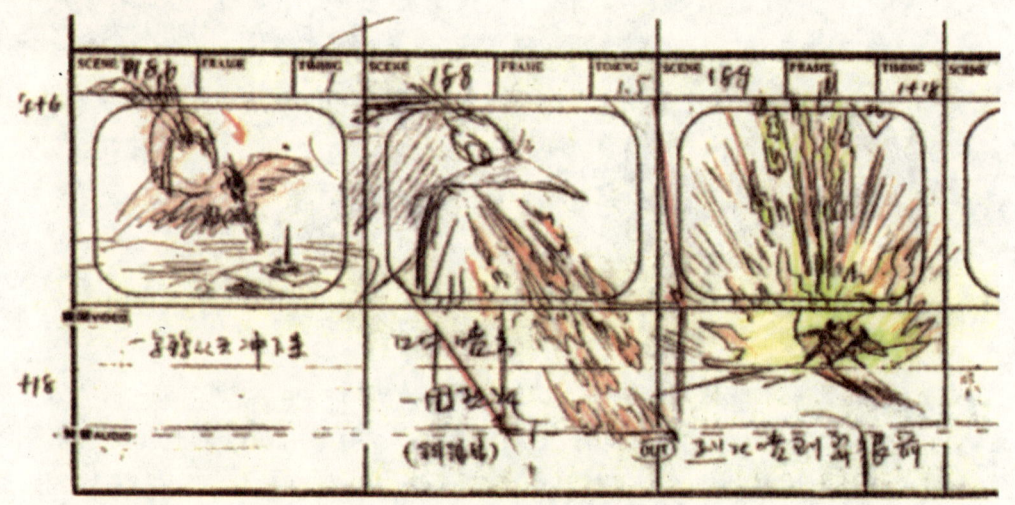

图 3-16 摄影机位置和景别

在叙述剧情的时候,为了使画面不沉闷,景别的变换不可避免。景别的定义在动画中和电影中没什么区别,如图 3-16 所示的是表现了摄影机位置与景别的动画分镜头。

景别一般分为大全景、全景、中景、特写、大特写等几种。

大全景是表现一个大的镜头景别,一般都是用于故事发生的城市或地点,主要介绍所要表现场景明显的特征和面貌。

全景是每一场剧情发生的主要场景,所以在设计全景景别时,要把其中的每个细节尽量详细地表现出来,以便让人们对这个场景有较为明确的认识。

中景的画面一般都是选取人物膝盖以上或人物的大半身,主要表现的是人物的半身动作,同时也是把环境等多种因素考虑进去,人与人之间的关系,表情的变化,是一般叙事和表演场面中比较常用的景别。

特写是局部的刻画人物或事物的景别处理方法。运用这类景别,能够准确地传达故事情节，直接地反映出剧中主人公的心理状态和情绪，同时，也能间接地影响读者的心理反应。特写不一定只是刻画人物表情的，手、脚、道具等与剧情有关的物体，只要需要，都可以用特写来表现。这种镜头，主要是表现人物眼睛和头部的神态，应当注意的是通过人物表情、手势、动作来表现情绪，所以必要的画面提示一定要做，动作幅度的大小，包括其他辅助网纸、场景等。这个景别要注意周围环境与角色之间的距离关系、角色与场景的透视变化关系，以及主要角色与周围环境的气氛是否融洽等，把握好这些，就能比较轻松地处理和运用特写镜头了。这个景别不能大量的运用，如果一段动画的特写景别超过所有景别的三分之一的话，读者理解剧情就会出现障碍。

大特写主要表现的是某一个局部的细微变化，如人物的面部表情、眼神包括动作过程的细节和形体运动中的微妙差异。

一般来说，描述一个场面的时候，"景"的发展不宜过分剧烈，否则就不容易连接起来。相反，"景"的变化不大，同时拍摄角度变换亦不大，拍出的镜头也不容易组接。由于以上的原因我们在拍摄的时候"景"的发展变化需要采取循序渐进的方法。循序渐进地变换不同视觉距离的镜头，可以造成顺畅的连接，形成了各种蒙太奇句型。这样拍电影的手法在动画中同样可以借鉴使用，如图3-17所示，确立镜头的景别后，由于动画全部都是画出的虚拟物品，为表达影片的相对真实，镜头中的其他元素都要依据确定好的景别进行搭配。

图3-17 前后关系

前进式句型：这种叙述句型是指景物由远景、全景向近景、特写过渡，用来表现由低沉到高昂向上的情绪和剧情的发展。

后退式句型：这种叙述句型是由近到远，表示由高昂到低沉、压抑的情绪，在影片中表现由细节扩展到全部。

环行句型：是把前进式和后退式的句子结合在一起使用。由全景—中景—近景—特写，再由特写—近景—中景—远景，或者我们也可反过来运用。表现情绪由低沉到高昂，再由高昂转向低沉。

我们在进行景别组接的时候要注意到同景别又是同一主体的画面是不能组接的。因为这样画出来的景物变化小，一幅幅画面看起来雷同，接在一起好像同一画面不停地重复。这个从脚本阶段就要作好场面的调度，这个时候动画的作者要像导演一样知道自己角色的动作、表演。

- 轴线规律

人物在进出画面时，我们拍摄需要注意画面安排时的总方向，从轴线一侧拍，否则两个接在一起主体物就要"撞车"。所谓的"轴线规律"是指拍摄的画面是否有"跳轴"现象。在拍摄的时候，如果拍摄机的位置始终在主体运动轴线的同一侧，那么构成画面的运动方向、放置方向都是一致的，否则应是"跳轴"了，跳轴的画面会使读者辨别不清场面真正的方向，创作者自己也会混淆，除了特殊的需要以外是无法组接的，如图3-18、图3-19、图3-20所示。这几幅图例可以简单的表现出总角度镜头、外反拍镜头、内反拍镜头、齐轴镜头的摄制手法。

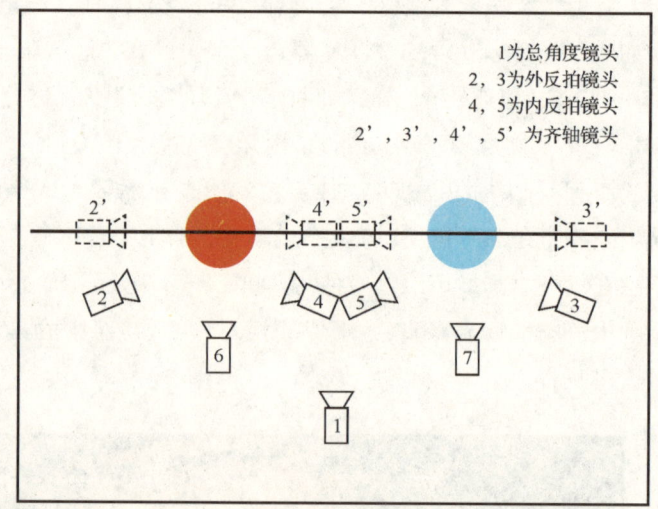

图3-18　轴线镜头

图3-19　齐轴镜头

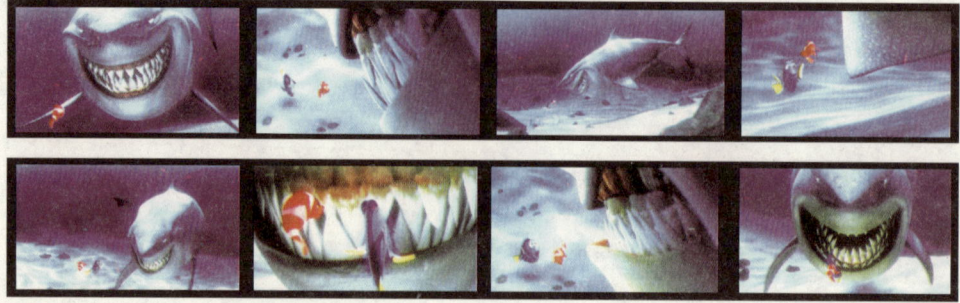

图3-20　齐轴镜头

插入画面组接：在一个镜头中间切换，接入另一个表现不同主体的镜头。如一个人正在马路上走着或者坐在汽车里向外看，后面插入一个代表人物主观视线的画面，以表现该人物意外看到了什么和直观感想和引起联想的镜头，如图3-21、图3-22所示，在美国动画影片《四眼天鸡》中，汽车场景里的轴线与插入镜头组接的例子。

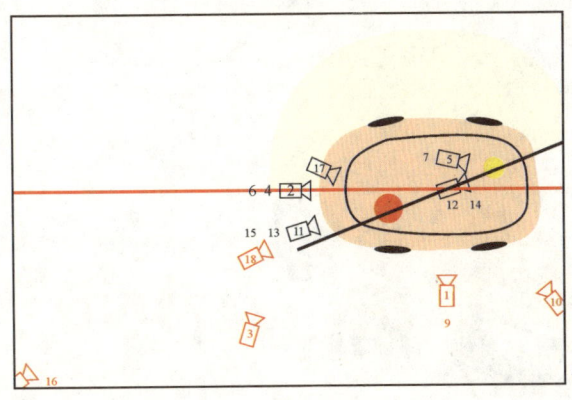

图3-21 《四眼天鸡》运动轴线与关系轴线分析

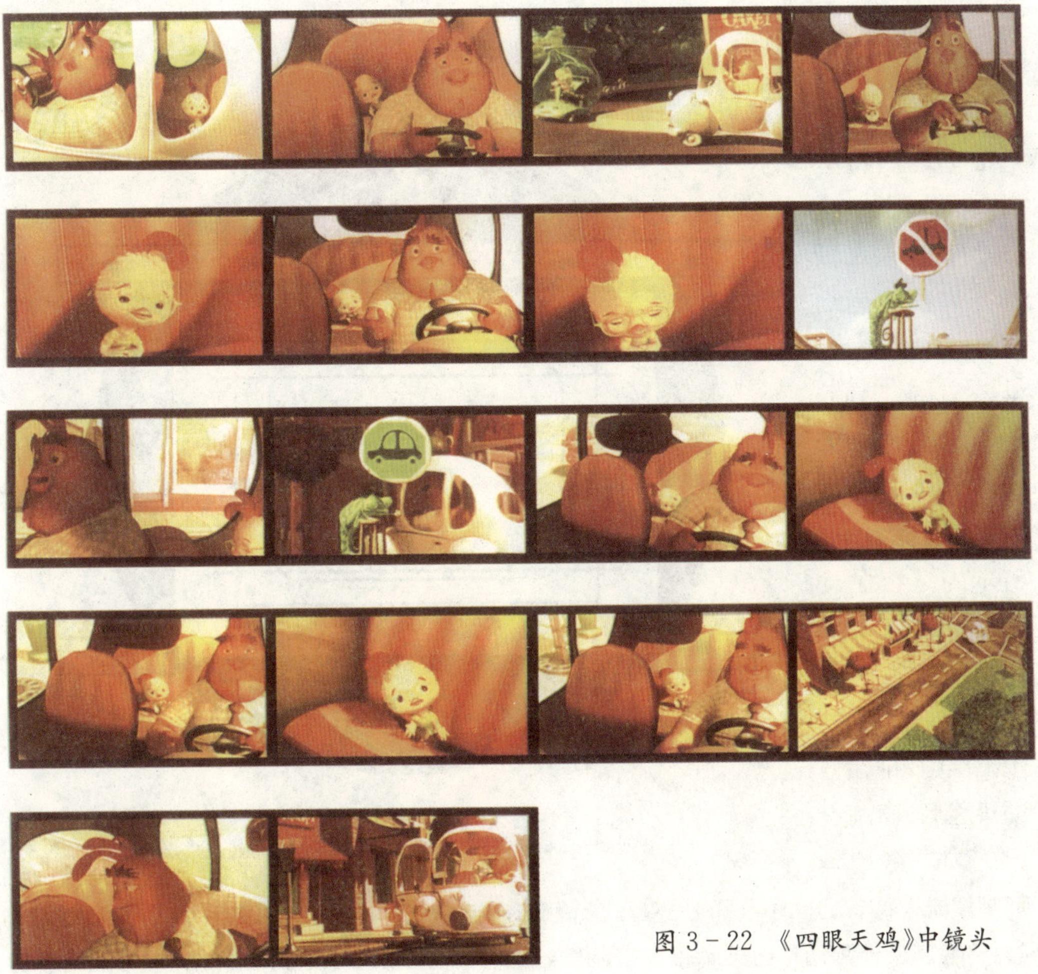

图3-22 《四眼天鸡》中镜头

第4章 动画设计稿创作

动画设计稿是根据动画特有的画面分镜头,进行动作设计、场景设计等镜头画面设计工作。它提供给原画、动画、绘景、摄影等后续工作具体的动画施工图。图4-1所示的是绘制动画设计稿所使用的工具。

设计稿在制作工序中,排在分镜头之后、原画设计之前。它是动画制作流程特有的程序,目的是对每个镜头作详尽的指示,所以内容要比分镜头更为完善、精准。设计稿通常由美术指导来制作,主要根据以下几项素材进行创作:导演对于分镜头中镜头与动作的描述、动态的速写、前期录制的对白。

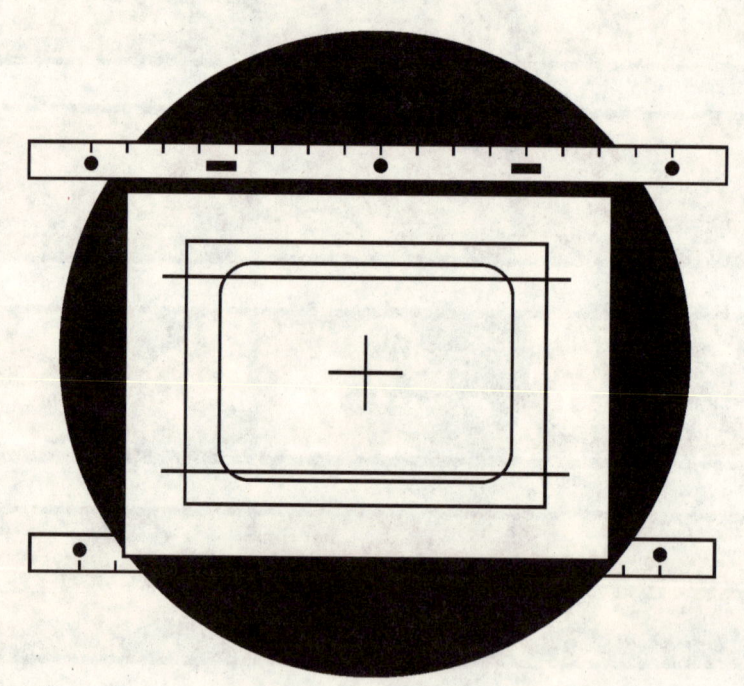

图4-1 设计稿的工具

动画片设计稿，是动画艺术创作过程中的重要环节之一。影片中的推、拉、摇、移，近、中、远、特等镜头，都是先创作出画面分镜头，再根据设计稿来确定具体的起止路线、活动范围等基本要素之后创作出来。例如：人物在镜头中的一切活动范围、动作要求和前景、中景、后景以及道具之间的关系，或者拍摄和移动的效果，都同设计稿的规划有直接关系。通常我们把设计稿这个环节，看成是动画片具体施工的蓝图。这个环节工作质量的好坏，直接影响到整个动画影片的艺术质量和技术质量。所以这个工作环节不能忽视。在具体的施工过程中，设计稿是一个承上启下的重要工作。承上是指设计人员能否领会导演的总体创作意图，把握整个影片在艺术上的风格追求，最大限度地实现原创的本意，准确地把分镜头中的每一个动作和表演等要求具体落实。启下是指这一环节与下一步工作程序即原画创作的艺术质量有着直接关系。从动画片的分工来看，设计稿的完成标志着动画片前期工作的结束，中期工作由此展开，负责原画设计的工作人员，将严格地按照设计稿的施工蓝图，一个镜头一个镜头地逐步制作。

　　绘制设计稿之前，需要了解场景、空间、角色之间的关系，以及导演想要表达的意图。在绘制过程中，要注意设计稿是否保持了故事的完整性，以及镜头之间的连贯性。设计稿的功能是为以后的各道工序提供更多的信息和精确的提示，画面上应标明：镜号、规格、背景号、秒数、角色名称、对话、主要行为、镜头移动长度、背景与人物的对位线。美术指导完成设计稿之后，要经过导演的检查，之后交给原画师作为动作设计的参考。一个镜头的设计稿包含动作设计稿与场景设计稿。

4.1　动作设计稿

　　在动画片中，角色是画面表现的主体，占据画面的重要位置。动作设计稿的作用就是提示原画师角色与背景之间的关系、角色的运动位置、角色的主要表情以及摄影机的运动方式。

　　绘制动作设计稿时，要求在正确位置草拟出适当尺寸的角色动作，遵守分镜头设定的景别与构图要求，画出角色的主要动作、表明清楚角色出画入画的关系、角色的活动范围等。掌握了人物的位置关系之后，要注意角色的视线、动作是否连贯，要画出动作的起始、动作的幅度、动作开始与结束部分的必要提示。此外，需检查镜头与镜头之间的衔接是否顺畅，避免错误的跳接镜头出现，要完整地画出镜头的具体处理方式，包括角度、运动方向、运动方式等。

　　图4-2、图4-3、图4-4为影片《美丽城三重奏》一个镜头由分镜头到设计稿再到完成镜头的过程，具体地体现了设计稿在动画影片的作用。

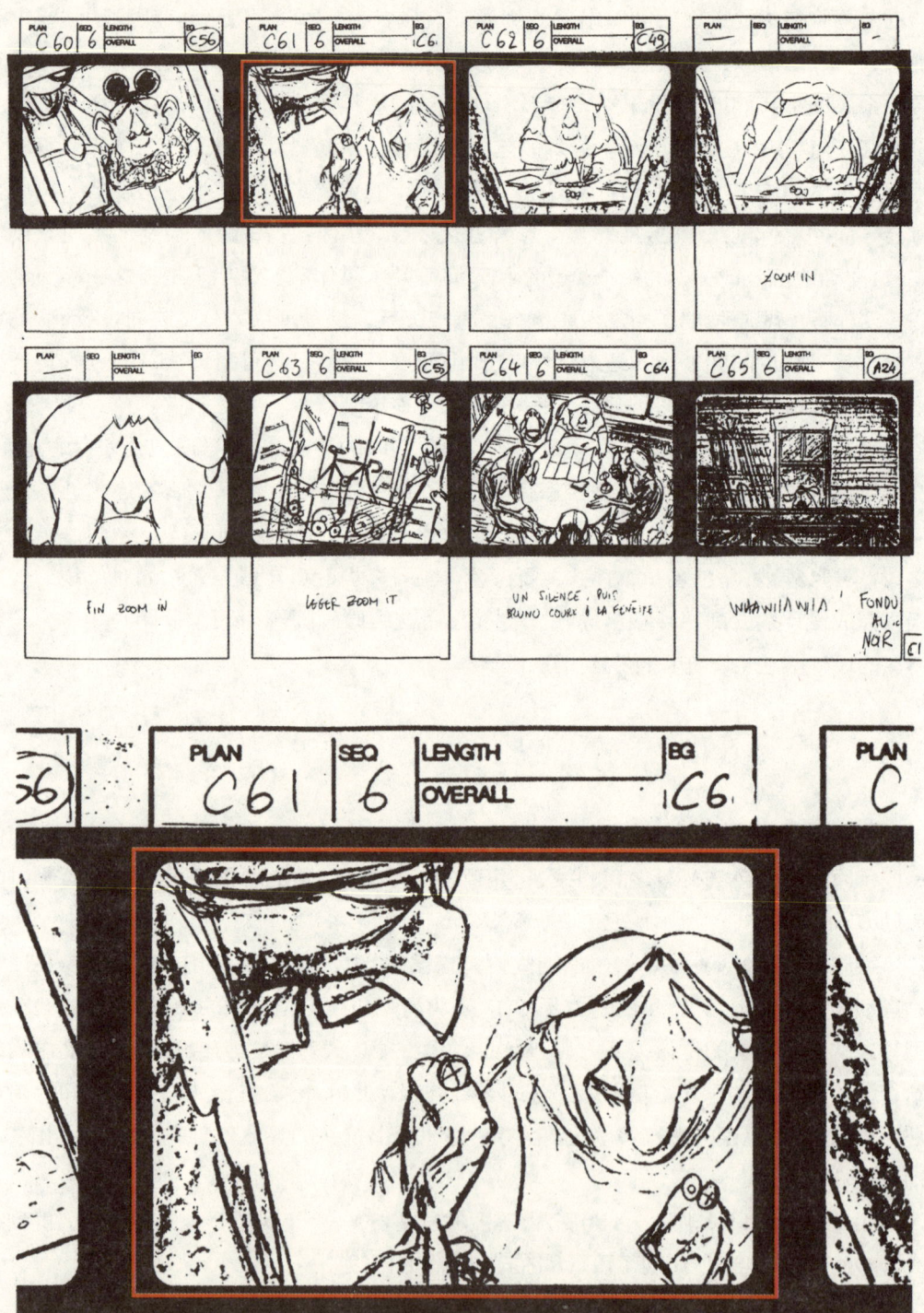

图 4-2 从分镜头中选取一个镜头

图 4-3 绘制该镜头的设计稿

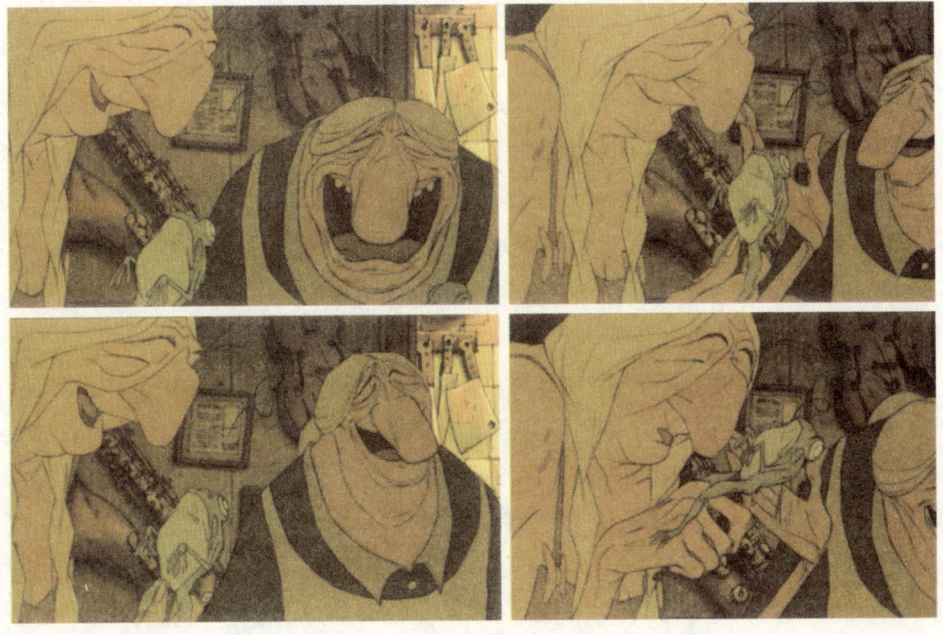

图 4-4 最后成片的效果

4.2 场景设计稿

场景设计稿的作用是表现景物的造型、空间、透视、前后景关系、光线效果等。如果场景设计稿绘制得非常仔细,可以直接作为背景图的底稿。如图4-5所示的是表示场景气氛的设计稿。

图4-5 场景气氛图

创作场景设计稿前的准备工作很重要,要把画面分镜头和角色造型、场景设计、服装道具等,包括表情谱、动作谱、人物比例图、规格板、彩色铅笔、尺子、动画纸等材料,都要准备齐全,这样工作起来就比较顺畅了。具体操作时,要在力求精确的基础上,尽可能地把各种镜头所需的一切要素,包括规格的大小、人物和前景背景之间的对位关系、移动方向、甚至移动速度用各种颜色的彩色铅笔,清楚地逐一标明在设计稿上,这样才能给下一步工作带来方便。

首先在创作场景设计稿之前,读懂剧本十分重要,了解影片的叙事方法、故事的结构形式。另外也要注意艺术特色和风格特点的定位,这些在操作当中尤为关键。对故事所处的历史年代要把握清楚,抓住时代特征,只有这样才能准确地表现出剧中的社会背景、民风民俗、生活习惯以及剧中的人物性格的特征、行为语言的特点、思想境界的高低。精确地描绘出剧中的那些山川峡谷的地貌特色、森林湖泊的神秘幽静、河流海滩的地理特质,向观众展示出生生不息的生活画卷。如图4-6,工作人员要对所绘制的场景设计稿进行精心的构图,以求能达到影片所要传递出的思想感情。在分析剧本、研究故事的同时，要认真领会导演对影片的总体创作意图及艺术构思，是偏重于艺术类型的，还是偏重于戏剧类型的，是偏重于象征类型的，还是偏重于科幻类型的。根据画面分镜头所提供的提示，结合自己的创作实践经验，准确地按照文学剧本所提供的各种素材，综合各种因素，融会贯通后，再进行分类整理，明确故事发生的时间、地点、人物、季节，包括地方特色、环境特色、民族特色、人物特色，不同的时间，不同的季节，角色应该穿什么样的服装，尽可能翔实地把画面所要表现出来的内容，都综合起来，分门别类，然后再去进行创作和实施。所以，平时生活的积累，在这里就显露出来了，积累得多，工作起来就会得心应手，能够很快地进入具体的创作中去。当我们看到黄昏中，浓重的云层在火红的霞光里显得十分壮观。密密的森林中，厚厚的积雪被春风扬起，这些神奇的景象，就会对艺术家们的积淀有了深刻的认识。所以创作人员的艺术修养和知识水平，直接影响着影片的整体质量。图4-7、图4-8、图4-9所示的是在场景设计稿中的一些镜头的表现。

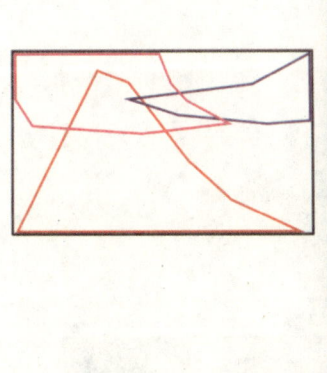

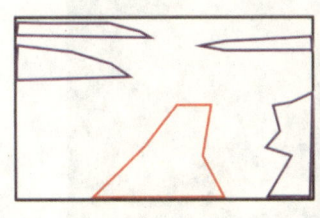

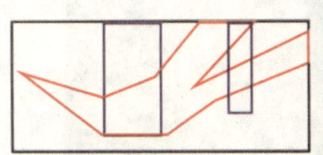

图4-6　设计稿场景构图

图 4-7 设计稿中的镜头表现

图 4-8 设计稿中的镜头表现

在具体的构图设计中,始终要注意人物与景物的大小比例关系,以及人物与周围环境的透视变化,有时分镜头里画的只是大的环境气氛,但我们在做施工设计稿时,就要力求十分准确,标明清楚。为了整个影片风格的统一性和处理手法的完整性,以及镜头之间衔接的协调性,即使综上所述,作为设计稿的创作人员,在创作开始,就应该严格地领会导演的总体艺术构思,熟悉和掌握剧中所需要的各种因素,只有做到了胸有成竹,才能创作出引人入胜的精彩画面和精美的构图。图4-10至图4-16所示的是一些场景设计稿和动作设计稿。

图4-9 设计稿中的镜头表现

图4-10 场景设计稿绘制

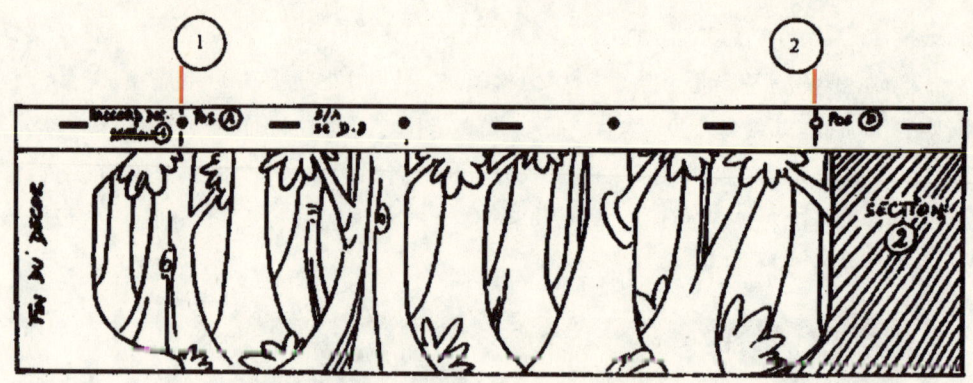

图 4-11　场景设计稿绘制

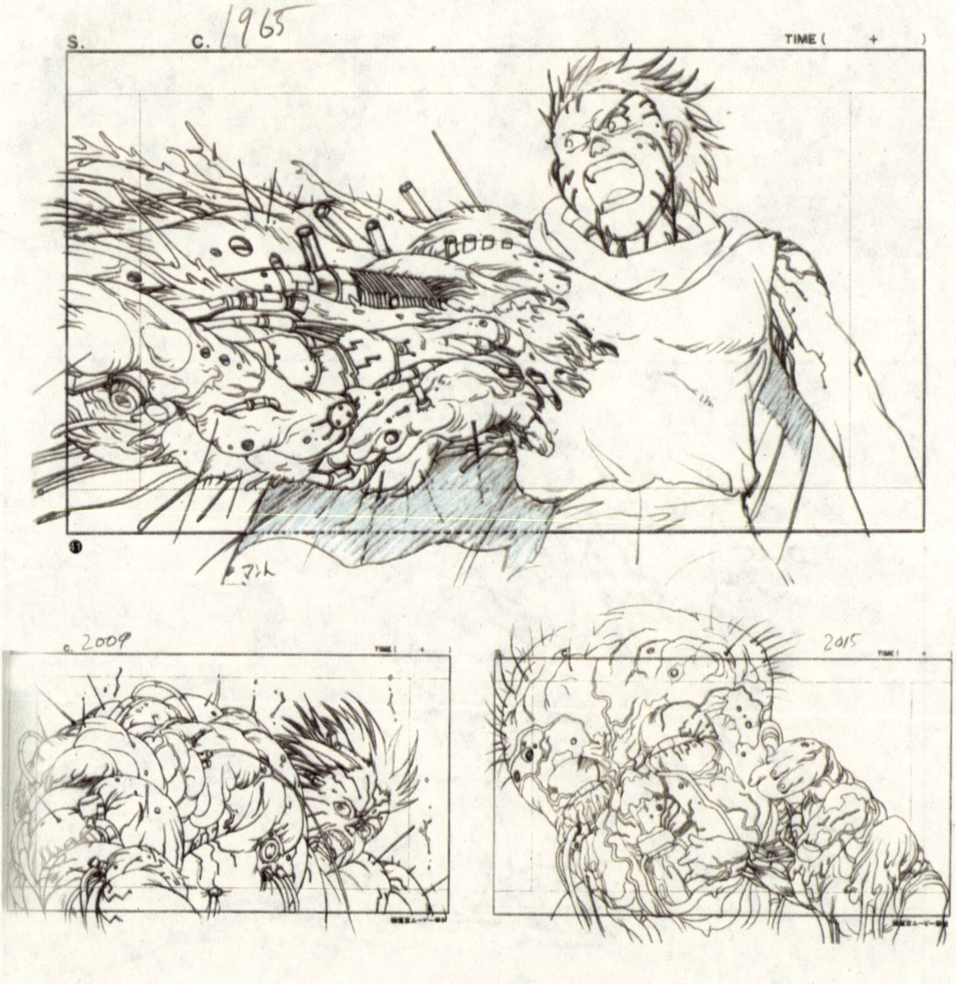

图 4-12　动作设计稿绘制

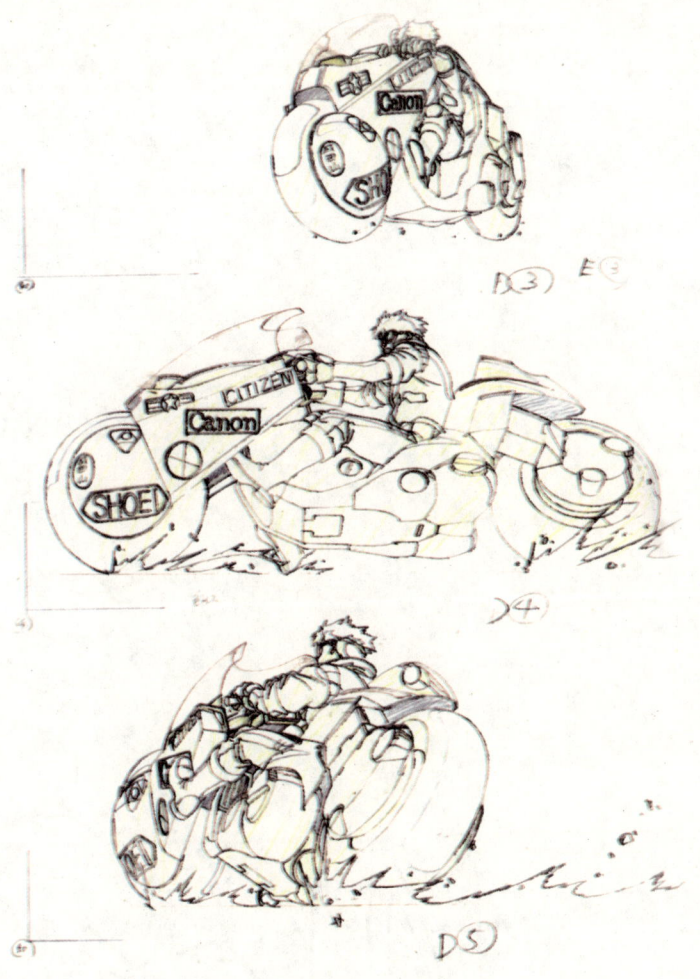

图 4-13 动作设计稿绘制

图 4-14 动作设计稿绘制

图 4-15 动作设计稿绘制

图 4-16 动作设计稿绘制

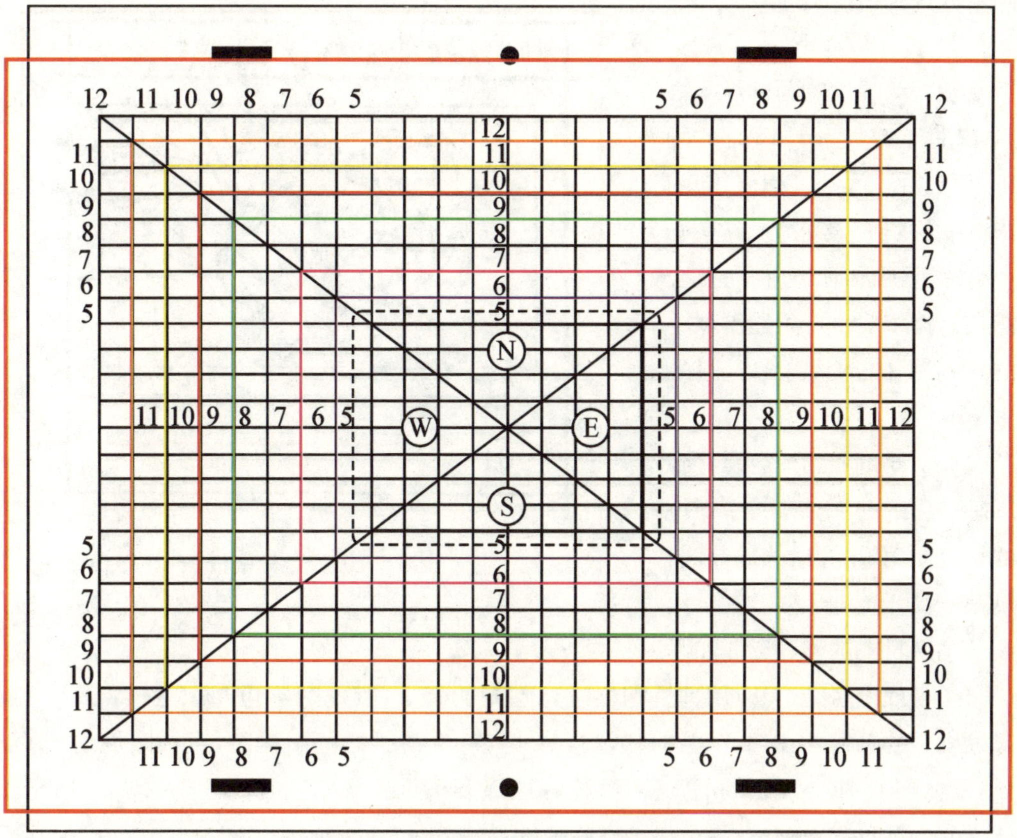

图 4-17 设计稿的规格

每个动画工作人员,在制作设计稿和画原动画时,首先要在每套动画的第一张纸上,把画框的中心用十字标出来,这个十字决定了拍摄窗口的中心,当十字对准中心孔在零的位置时,它位于动画台的中心定位孔上方。图 4-17 所示的是设计稿的规格。图 4-18 至图 4-19 是我们在某个动画分镜头中选取其中一个镜头,并且放大,用作设计稿的练习镜头。

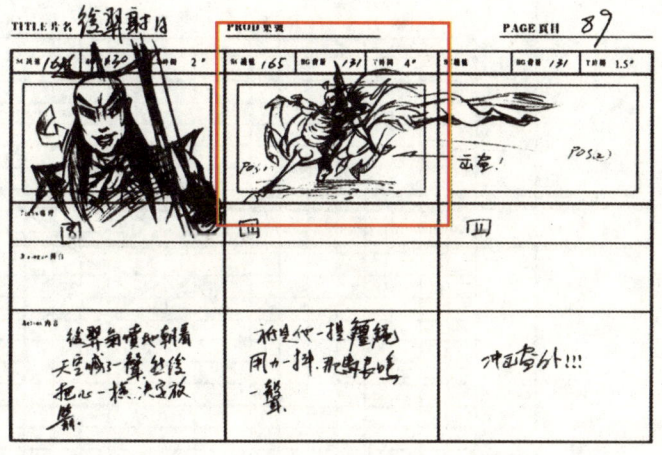

图 4-18 分镜头中选取红框的镜头

1) 画框的定位

一般来说,一旦定了简单的框,就应标出画面中心。当中心十字和动画台的中心定位孔相吻合时,画框也就有中心了。有了画框的中心,东南西北都是零。然后把空白动画纸放在规格板上面。

2）画框的大小

拍摄动画片的画框从 6 框到 12 框不等。大于 12 框的画框是特殊画框,一般用在向前或向后的长距离移动,或在一个合理范围内画动画,而且应是在人物相对于背景显得很小的情况下使用大于 12 框的画框。

低于 6 框的画框容易导致动画丧失细节和清晰度。5 框的可以使用,用在镜头的开头,从第一帧开始向后移或在结尾镜头结束时向前移,但用的时间一定要很短。

图 4-19 放大分镜头

为了理出头绪,可以用画框网格确认画框的大小,画框网格也叫规格板。设计稿人员通常用的画框为:5,6,7,8,9,10,11,12 框,特殊镜头的画面构图,可按照规格框的比例,增加到 15 框。复杂的动画片,画框的选择要根据镜头中人物的大小、镜头和拍摄物体之间的七种基本距离,来定义不同的画框,如图 4-20 所示。

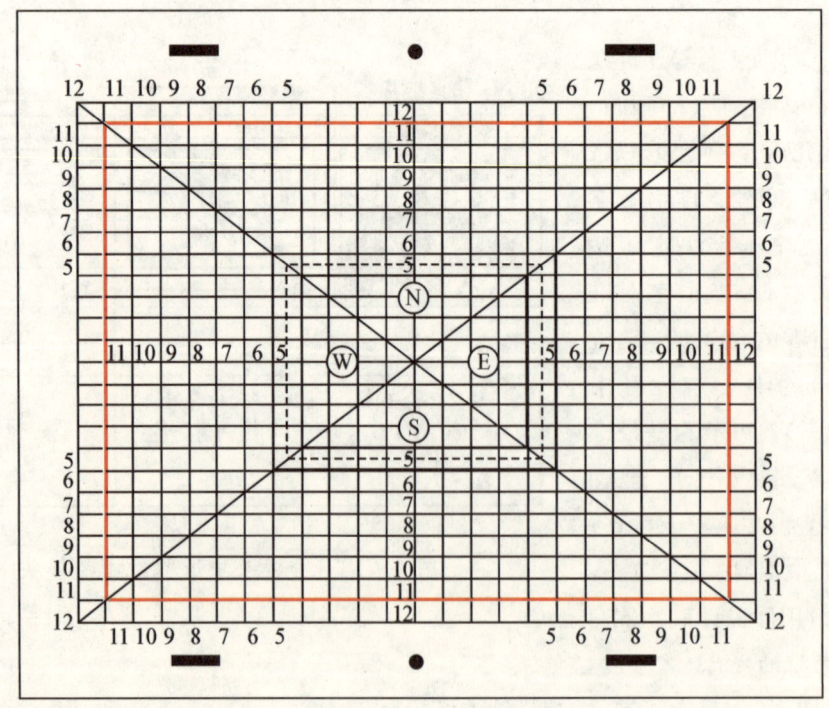

图 4-20 选取设计稿规格画框

- 大特写 6 或 7 框、特写 7 或 8 框
- 近景 8 或 9 框、中景 9 或 10 框
- 全景 10 或 11 框、远景 11 或 12 框
- 大全景 12 或 15 框

图 4-21 是我们根据分镜头的放大图绘制的设计稿图。图 4-22 是动画制作完成后的效果。

图 4-21 绘制设计稿

图 4-22 最终形成镜头效果

设计稿绘制人员要具备以下专业技能：

（1）具备广博的文学、历史、音乐、舞蹈、戏剧、戏曲知识；

（2）有广泛的文体兴趣爱好，比较全面地了解自然科学知识和社会科学知识，熟悉世界各地的文化背景与风土人情，具有比较熟练驾驭历史题材的能力；

（3）要具备很强的造型能力和动画专业知识，具有丰富的动画领域从业经验。能够认真深入地研究剧本，了解故事结构。整理思路、搜集素材时，注意观察生活中的细节。

（4）在具体的工作中，能领会导演的总体艺术创作意图，工作中头脑清醒，条理清楚，具有给影片中所出现的各种角色分门别类的能力。

第5章 动画场景图创作

场景设计是绘制分镜头和场景设计稿时的直接参考资料。场景设计的目的之一是"交代时空背景"。根据剧情的设定,制作者收集某个时代、地域资料,并通过有意识夸张、变形,形成风格化的场景设计,以达到体现时代特征、历史风貌,表现气氛的目的。场景设计可以提供给导演的空间,作为场面调构图时的参考。除了符合剧情设定的时代之外,场外还要有准确的景物透视关系并且可以利用道具

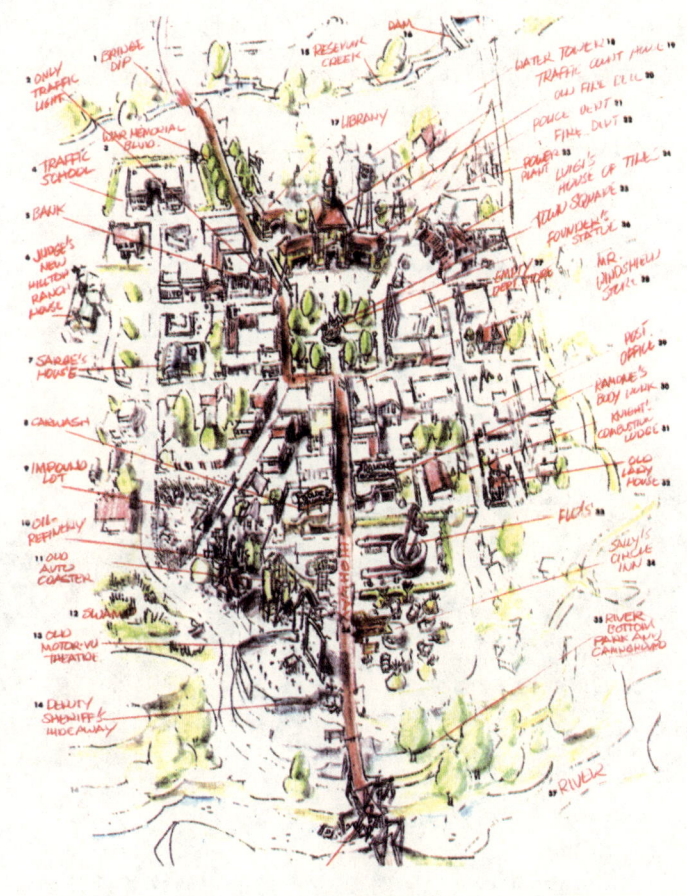

图5-1 场景平面设计图

的摆设,让导演在设计分镜头时,有更多的辅助表现角色动作的物件。在空间建构方面的具体图表包括立体鸟瞰图、景物结构图。"场景气氛图"通过光影和色调来呈现一个场景的主要气氛色彩表现它可以作为场景设计人员的参考。同时,场景气氛图可以提示导演各场景的色彩、光影轮廓,用来检视场景之间的气氛是否连景与影片整体的气氛表现得当。

场景设计根据影片风格、剧情需要呈现不同的风貌。它可以十分繁复,也可以十分简单,甚至是一片空白,最重要的是要符合创作者的意图,并且让观众的目光集中在主要的角色与动作上。在写实风格或是较为繁复的背景中,可以在主要角色动作的区域使用比较明亮或对比度高的色彩,并调整其他区域的颜色来突出重点,如图 5-1 所示。

前期的场景设计决定了影片中场景的选择、安排、构造以及大体的布置。到了中期制作阶段的场景设计稿,需要精确地考虑场景与人物的空间关系,并且设定场景内的主要光源与气氛,而在绘制最终的定稿时,需要按照设计稿的要求,并配合分场气氛图,逐个镜头细致地绘制出场景图,如图 5-2、图 5-3 所示。

绘制场景图需要使用准确的空间透视法,或是根据动画片不同程度的夸张来改变透视。场景设计在一定程度上决定了影片的调性与风格,但它只不过是为故事提供一个发展的空间,在叙事上只能作为一种陪衬、渲染的手段,不能为了表现场景而影响了剧情的发展或人物的表演。一个场景优美但是剧情空洞的动画片是吸引不了观众的目光的。

图 5-2　场景中的建筑设计图

图5-3 场景中街景的设计图

依据动画片播放媒介的不同，场景图会有不同的特点，例如影院动画片就要求场景图中的细节必须描绘得十分精致、准确，禁得起大银幕的长时间放映，如图5-4、图5-5所示。反之，电视系列动画片的场景往往比较简单，并且经常重复使用，以减少制作的成本与时间。目前使用电脑三维动画软件来制作背景的技术十分普遍，其中一个原因就是因为在三维空间中，可以自由地变换摄影机角度，经由渲染得到不同视角的背景，比传统人工绘制场景图的方式来得快速、方便，如图5-6所示。

图5-4 场景中的建筑

图 5-5 复杂的机械场景设计

图 5-6 运用电脑软件制作的三维场景

5.1　场景的设计概念

　　场景能依据我们的需要，运用艺术的创造，营造出某种特定的效果和情绪基调，传达出复杂的情绪，比如痛苦悲伤、烦躁郁闷、阳光欢快、孤独寂寞、紧张不安、凄凉冷漠、温馨浪漫，等等。利用场景的元素可以让读者与作品中角色的心理产生共鸣。场景对于刻画角色有很大的帮助，一般作者角色的心情表达采用两种方式，一种是角色自身主观的表演，另一种方式就是场景客观的气氛烘托，如图5-7所示。

图5-7　绿色的气氛场景

5.2　场景的构思

　　构思场景要遵从风格统一的原则，树立整体的造型意识，场景也是以刻画人物为中心的，因此角色及场景的造型风格必须要统一，整幅动画的基调就是由人物和场景相互衬托表现的。场景由几大要素构成，物质方面的有景观、建筑、道具装饰等，效果要素有外形、颜色、光影等，场景在塑造时着重要体现的是空间感，就像我们塑造人物的时候要体现重量感一样，想要在二维的画面上表现出空间感，我们就要采用一些方法。

　　1）利用景深

　　景深是摄影中的一个术语，它指的是在拍摄时焦距之外的景物都是模糊的，画面看起来有一定的空间感，这个效果我们可以进行模仿，把主体物之外的物体模糊化，可以使用电脑软件来实现，加强场景的深度，可以有效地扩大空间感，如图5-8所示。

图 5-8　空间的塑造

2）利用透视

依据透视的原理，在后面的小节中我们会学习，同样大小的物体在不同距离上视觉上是不一样大的，近大远小，如道路两旁差不多高的树，我们可以看到它们的灭点，这样也可以体现出场景的空间感。

3）利用光影

空间塑造很重要的方法就是使用光影，原因很简单，如果没有光的话，我们的世界将是一片黑暗，没有现在的精彩的世界，光影对于场景空间、立体、结构层次都是必不可少的，光照产生的阴影被大量应用在艺术作品中，如图 5-9 所示。

图 5-9　光线对塑造空间有很大的帮助

5.3 场景的色彩

5.3.1 色彩的基本规律

大自然的景色五彩斑斓,色彩千变万化,所以对色彩的基本规律的认识,是建立在掌握色彩基本概念理解的基础之上,有了对色彩概念的理解,便有利于利用色彩的各种组成关系,在动画场景的创作中淋漓尽致地表达作者的情感和主题。

1) 标准色

用颜料配出的和色光标准色相一致的六种色,定为颜料的标准色,即为红、橙、黄、绿、蓝、紫。

2) 原色、间色和复色

(1) 原色色彩中不能再分解的基本色称为原色,原色能合成出其他颜色,而其他颜色不能还原出本来的原色,原色只有三种,即红、绿、蓝,颜料三原色为品红、黄、青。色光三原色可以合成出所有色彩,同时相重叠的色彩使人产生的联想成白光;而颜料三原色从理论上讲可以调配任何其他色彩,相叠加为黑色。

(2) 由两种原色混合所得出的称为间色,色光三间色为品红、黄、青,颜料三间色即橙、绿、紫,也称为第二次色。

(3) 复色三种原色和两种以上的间色按不同比例混合可调制出千差万别的颜色,它们统称为复色。

5.3.2 色彩三要素

色彩的三要素是色彩的三个基本属性,即明度、纯度、色相。色彩的三要素是我们学习和要掌握色彩规律的最基本的知识。色彩的组织规律离不开三个要素的构成关系,它像骨架一样支撑着色彩在形态上的有机表现,使色与色的搭配有了千变万化的组合方式,它给我们认识色彩、分析色彩以及掌握色彩提供了便利的方式。

(1) 色相指色彩的形象,如红、橙、黄、绿、蓝、紫等。自然界所有的色彩变化都是由色相所决定,由色相之间的调和、搭配来构成万事万物的真实色彩,色相的认识给人对色彩的理解有了明确的认识秩序,人们可以根据这一概念对自然色彩与人为色彩进行分门别类的分解,也可以根据这一认识对色彩有目的地进行动画场景设计,并使色彩的搭配达到合理的组织要求。雨过天晴,在太阳的作用下天空中出现美丽的彩虹,如果我们不能将出现的彩虹确立一个个色相标准,我们就无法用语言描述这彩虹的美丽与它绚丽的变化。只有认识了色相的组织规律,我们才能描述出叶子是怎样的绿,天空是怎样的蓝,花是怎样的红。

色相是由三原色发展而来,如色料中的红、黄、蓝,二原色的相互调和就可以得到三间色:红+黄=橙色;黄+蓝=绿色;红+蓝=紫色。原色与间色之间构成了自然色相的完整体现，而间色之间的相互调和则可以得到复色的无穷延伸。

（2）明度即色彩的深浅的差别，明度差别即指同色的深浅变化，又指不同色相间存在的明度差别。每一种纯色都有相应的明度，黄色明度最高，蓝色色相明度最低，红绿色明度居中。明度的白为最高极限，以黑为最低极限。

（3）纯度是色彩的鲜灰程度，代表了某一色彩所含纯度成分的比例，比例越大，纯度越高，反之越低。

色彩三要素的关系在事物形象的表现中，每一种要素可独立存在，也可以穿插并列组合在一个形象中。明度对比的表现具有独立性，它可以摆脱纯度、色相而独立存在。纯度对比的存在必须依赖明度的关系而表现，是建立在明度的基础上的存在，但可摆脱色相要素而存在。色相对比的存在必须建立在明度、纯度基础上存在，它不可能摆脱明度与纯度而独立存在。色彩三要素的排列秩序应是明度的、纯度的、色相的序列关系。纯度建立在明度基础上，色相又建立在明度与纯度基础上，因此，人们将明度称之为色彩的"骨架"。

5.3.3　色彩的对比

色彩的对比有多种类别，从不同的角度有不同的特征。从色彩的性质来看，对比可分为：色相对比、纯度对比、明度对比；从色彩的外形上看，对比可分为：形状对比、面积对比、位置对比、肌理对比；从色彩给人的心理感受来看，对比可分为：冷暖对比、轻重对比。下面就主要的对比类型加以阐述。

色相对比指因色彩三要素中的色相差异关系而呈现的色彩对比效果，而色相对比关系的强弱，可以通过色相在色相环上距离与角度来表示，以24色相环为例，任选一色作为基色，可以把色相对比分为邻近色、对比色。邻近色指色相环中相距90度的颜色。这类色调具有冷暖对比性，色相感觉强烈。

补色指色相环上间隔180度的颜色所搭配而成的色彩。这类对比是所有色相对比实景中最强烈、最饱满、最充实的一种，通俗来说，人们观念中最典型的补色是橙和蓝，黄和紫，红和绿。橙和蓝对比是冷暖对比的代表，当二者放在一起，会产生强烈的生理反应。

明度对比是指色彩间深浅层次的对比。色彩明度对比的差别除了包括同类色彩之间的明度差别，也包括不同色彩间的明度差别。

纯度对比指色彩包含标准色成分的多少，即色彩间鲜艳程度的对比。

冷暖对比是色彩给人的心理感受进行比较的色彩对比。太阳、火炬、炉火的温度很高，它们射出热量很高的红色光芒，使人感觉温暖；而大海、蓝天、冰山、雪地是蓝光照射最多的地方，这些地方的温度总是很低，人们会感受到寒冷。

面积对比指同一色域在画面构图中，所占据位置的量的比例关系。尽管面积对比同色彩本身的属性没有直接的关系，但却对画面的色彩效果产生深远的影响，"万绿丛中一点红"是传统的配色佳句，从中可以看出古人对色彩面积的认识，很多艺术大师在创作时,更是特别注意色彩的分布和面积的关系,所以,对于设计人员来说,所谓对色彩的"灵感"是建立在踏实的工作作风基础之上的。

5.3.4　色彩的情感和象征

色彩给人的心理反应,带有特殊性和主观性。设计人员对于色彩生理和心理功能的认识,有助于运用色彩表达感情。色彩运用的目的是为了表达作者的感情。色彩本身无所谓感情,感情的发生只是在人与色彩之间的色彩联想和心理感应。

下面选择六种代表性的颜色分别作介绍:

1) 红色

视觉刺激强,让人觉得活跃、热烈、有朝气,在人们的观念中,红色往往与吉祥、好运、喜庆相联系,它便自然成为一种节日、庆祝活动场面的常用色,同时红色又易让人联想到血液和火炮,有一种生命感、跳动感,还有恐怖的血腥气味的联想。

2) 黄色

明亮和娇媚的颜色,有很强的光明感,使人感到明快和纯洁,幼嫩的植物往往是淡黄色,又有新生、单纯、天真的联想,还可以让人想起极富营养的蛋黄、奶油及其他食品,黄色又与病弱有关,植物的衰败、枯萎也与黄色相关联,因此,黄色又使人感觉到空虚、贫乏和不健康。

3) 橙色

兼有红与黄的特点,明度柔和,使人感觉到温暖又明快,一些成熟的果实往往呈现橙色,富于营养的食品(面包、糕点)也多是橙色,因此,橙色又易引起营养感,是易于被人们所接受的颜色。在特定的国家和地区,橙色又与欺诈、嫉妒有联系。

4) 蓝色

极端的冷色,具有沉静和理智的特性,蓝色易产生超脱、远离世俗的感觉,深蓝色会滋生低沉、郁闷和神秘的感觉,也会产生陌生感和孤独感。

5) 绿色

具有蓝色的沉静和黄色的明朗,又与人自然的生命相一致相吻合,因此,它具有平衡人们心境的作用,是易于被接受的色彩,绿色又与某些尚未成熟的果实的颜色一致,因而会引起酸与苦涩的味觉,深绿色易生成低沉消极、冷漠感。

6) 紫色

聚合优美高雅雍容华贵的色度,神秘的个性,又有底蕴的特性,暗紫色会引起低沉、烦闷、神秘的感觉。

以上通过一种色相产生正反两面的心理效果介绍,对于场景设计的用色,需要把握住场景的表现主题,运用特定的色彩关系,发挥出色彩的特有的个性,为动画场景设计锦上添花,如图5-10所示。

但心理学家也发现了,一种颜色通常不只含有一个象征意义,正如上述的红色,既象征热情,却也象征了危险,所以不同的人,对同一种颜色的密码,会作出截然不同的诠释。

除此之外,个人的年龄、性别、职业、他所身处的社会文化及教育场景,都会使人对同一色彩产生不同的联想。蔡启仁先生举例,好像中国人对红色和黄色特别有好感,就多少和中华民族发源于黄土高原有点关系,故在不同文化体系下,色彩会给设定为含有不同特定意思的语言,所表达的意义可能完全不同,如图 5-11 所示。

图 5-10　变形的场景色彩

图 5-11　绿色的场景渗透着神秘的色彩

这个色彩和心理联想的理论,对设计师来说是个重要的发现。他们在选择运用何种色彩时,须同时考虑作品面向的是哪一个消费群,以免出现相反效果。蔡启仁先生举例,紫色在西方宗教世界中，是一种代表尊贵的颜色，大主教身穿的教袍便采用了紫色；但在伊斯兰教国家内，紫色却是一种禁忌的颜色，不能随便乱用，如图5-12所示。

图5-12　暖光反映出温馨

　　色彩的直接心理效应来自色彩的物理光刺激对人的生理发生的直接影响。心理学家对此曾做过许多实验。他们发现，在红色环境中，人的脉搏会加快，血压有所升高，情绪兴奋冲动。而处在蓝色环境中，脉搏会减缓，情绪也较沉静。有的科学家发现，颜色能影响脑电波，脑电波对红色反应是警觉，对蓝色的反应是放松。自19世纪中叶以后，心理学已从哲学转入科学的范畴，心理学家注重实验所验证的色彩心理的效果，如图5-13所示。

图5-13　色彩的对比吸引人的视线

不少色彩理论中都对此作过专门的介绍,这些经验向我们明确地肯定了色彩对人心理的影响。冷色与暖色是依据心理错觉对色彩的物理性分类,对于颜色的物质性印象,大致由冷暖两个色系产生。波长长的红光和橙、黄色光,本身有暖和感,以次光照射到任何色都会有暖和感。相反,波长短的紫色光、蓝色光、绿色光,有寒冷的感觉。夏日,我们关掉室内的白炽灯,打开日光灯,就会有一种变凉爽的感觉。颜料也是如此,在冷食或冷的饮料包装上使用冷色,视觉上会引起你对这些食物冰冷的感觉。冬日,把卧室的窗帘换成暖色,就会增加室内的暖和感。

以上的冷暖感觉,并非来自物理上的真实温度,而是与我们的视觉与心理联想有关。总的来说,人们在日常生活中既需要暖色,又需要冷色,在色彩的表现上也是如此。

冷色与暖色除去给我们温度上的不同感觉以外,还会带来其他的一些感受,例如,重量感、湿度感等。比方说,暖色偏重,冷色偏轻;暖色有密度强的感觉,冷色有稀薄的感觉;两者相比较,冷色的透明感更强,暖色则透明感较弱;冷色显得湿润,暖色显得干燥;冷色有很远的感觉,暖色则有迫近感。

一般说来,在狭窄的空间中,若想使它变得宽敞,应该使用明亮的冷调。由于暖色有前进感,冷色有后退感,可在细长的空间中的两壁涂以暖色,近处的两壁涂以冷色,空间就会从心理上感到更接近方形。除去寒暖色系具有明显的心理区别以外,色彩的明度与纯度也会引起对色彩物理印象的错觉。一般来说,颜色的重量感主要取决于色彩的明度,暗色给人以重的感觉,明色给人以轻的感觉。纯度与明度的变化给人以色彩软硬的印象,如淡的亮色使人觉得柔软,暗的纯色则有强硬的感觉,如图 5-14 所示。

图 5-14 奇异的场景色彩

色彩牵涉的学问很多,包含了美学、光学、心理学和民俗学等等。心理学家近年提出许多色彩与人类心理关系的理论。他们指出每一种色彩都具有象征意义,当视觉接触到某种颜色,大脑神经便会接收色彩发送的讯号,即时产生联想,例如红色象征热情,于是看见红色便令人心情兴奋;蓝色象征理智,看见蓝色便使人冷静下来。经验丰富的艺术家,往往能藉色彩运用,勾起一般人心理上的联想,从而达到最佳展示的目的。

5.3.5 透视

绘画场景的时候肯定会遇到的一个问题就是透视,我们要运用透视的关系就是要把三维的空间表现在二维的画面上,透视的一个基本的原理就是近大远小,有了这个原理我们就可以对付很多情况下的透视,透视正确的画面给人以可信的感觉。

角度与透视实际上是一个很广泛的问题,不仅仅在动画创作时,其他各种美术形式都很讲究角度与透视。它是美学理论中一个重要的组成部分。绘画艺术一般都要求在二度空间的平面上表现三度空间的立体感,比如同样的物体近大远小等,所以,透视规律在画面构图上的运用起着决定性的作用,透视变化是绘画构图变化的现实依据。下面我们介绍一些透视的基础知识,以便我们在创作的过程中能够更准确地把握透视。

- 视平线:平行于视点的一条线,叫视平线。
- 灭点:物体的纵向延伸线与视平线相交的点,叫灭点。
- 一点透视:一点透视在动画中是常用的,也是最简单的透视规律。一个物体上垂直于视平线的纵向延伸线都汇集于一个灭点,而物体最靠近观察点的面平行于视平面,这种透视关系叫一点透视,也叫平行透视。

一点透视的表现方法:

首先在画面上画一条水平线(视平线),然后再画一条垂直线,相交点作为灭点,从灭点随便延伸出一条线,这条线就是将要画的物体的透视关系,然后在透视关系线和视平线之间画出所要绘制的物体。物体高度的变化是根据透视线和视平线所成的角度的变化而变化的。当物体所处的位置不同时,画面中将表现出物体不同的面,如图5-15所示。

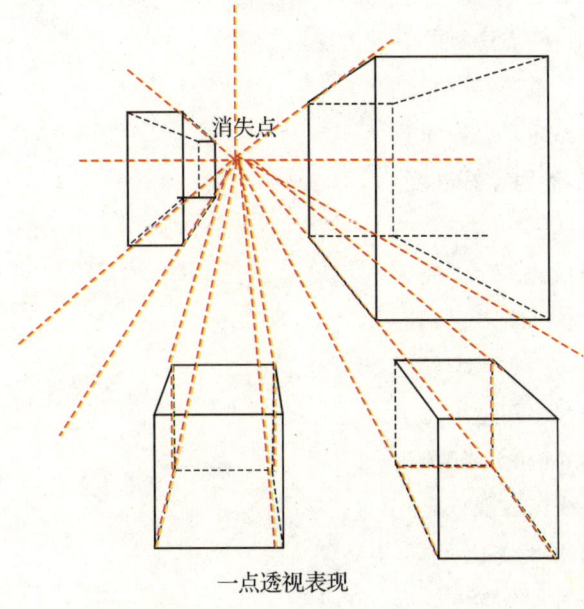

一点透视表现

图5-15 一点透视表现

一点透视的运用:

用一点透视法可以很好地表现出远近,常用来表现笔直的街道,或用来表现原野、大海等空旷的场景,此外,如在"室内"场景中运用,更可营造出房间宽阔舒适的感觉,如图 5-16 所示。

图 5-16 一点透视应用

在画物品的一点透视图时,首先找出灭点,通过灭点延伸出透视线。桌子及其上面的所有物体的透视,都是按着从灭点出发的透视线的透视而确定的,在将所有物体画出后,可以将多余的辅助线擦去,并加强所有物体的边缘或加上阴影。

• 两点透视:两点透视也是在动画中常用的基本透视规律。一个物体平行于视平线的纵向延伸线按不同方向分别汇集于两个灭点,物体最前面的两个面形成的夹角离观察点最近,这样的透视关系叫两点透视也叫成角透视。

两点透视的表现方法:

首先作一条地平线和一条垂直线,然后定好高度,在视平线的左右两端找出灭点,在灭点和高度点之间连线,在视平线和透视线之间画出建筑物的轮廓。随着视平线与透视线之间的角度变化不同,画面表现物体的形状也在改变,如图 5-17 所示。

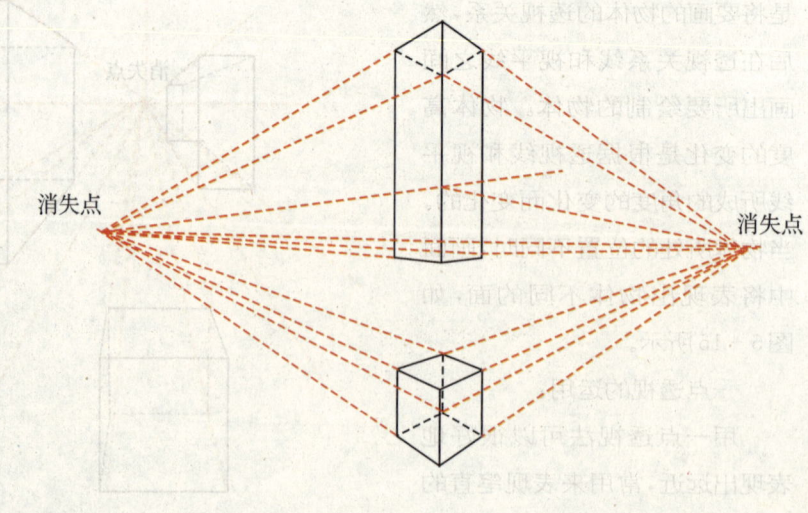

图 5-17 两点透视表现

两点透视的运用：

在运用两点透视规律画街道一类的景物时，可以将远景的物体处理的较虚，近处的物体画的要细致些，而且，不论建筑物的多少，其透视线均应分别相交于两个灭点，这样画出来的景物的透视才会准确，如图5-18所示。

图5-18 两点透视应用

- 三点透视：在两点透视的基础上，所有垂直于地平线的纵线的延伸线都汇集在一起，形成第三个灭点，这种透视关系叫三点透视。这种透视关系只限于仰视或俯视。

三点透视的表现方法：

同样还是将灭点和中线等透视辅助线画出来。首先按着两点透视画出物体的高度透视，然后在纵向定出一个灭点，和物体的底部两点相连。这就是三点透视，如图5-19所示。

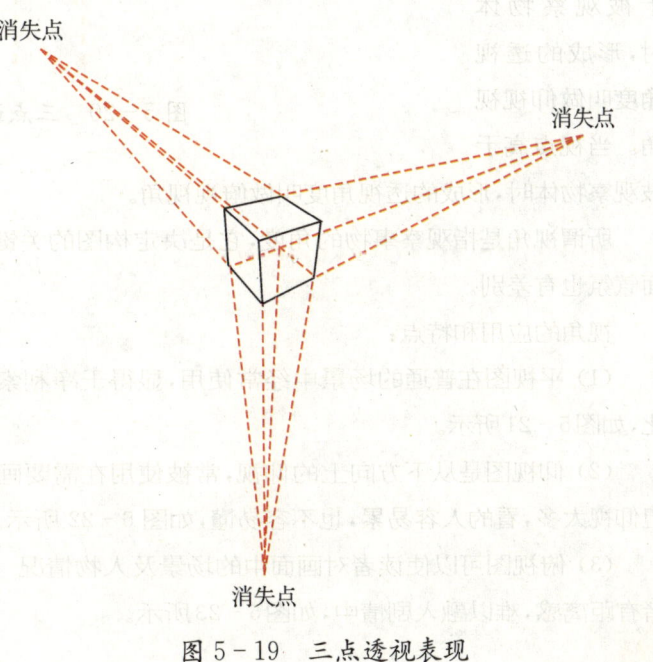

图5-19 三点透视表现

通过三点透视，可以表现建筑物高大的纵深感觉。两点透视和三点透视比起来，三点透视对于建筑物高度的表现是最到位的，如图5-20所示。

5.3.6 视点与视角

人物观察物体时的出发点，叫做视点。当视点平行于被观察物时，形成的透视角度叫做平视视角。当视点低于被观察物体时，形成的透视角度叫做仰视视角。当视点高于被观察物体时，形成的透视角度叫做俯视视角。

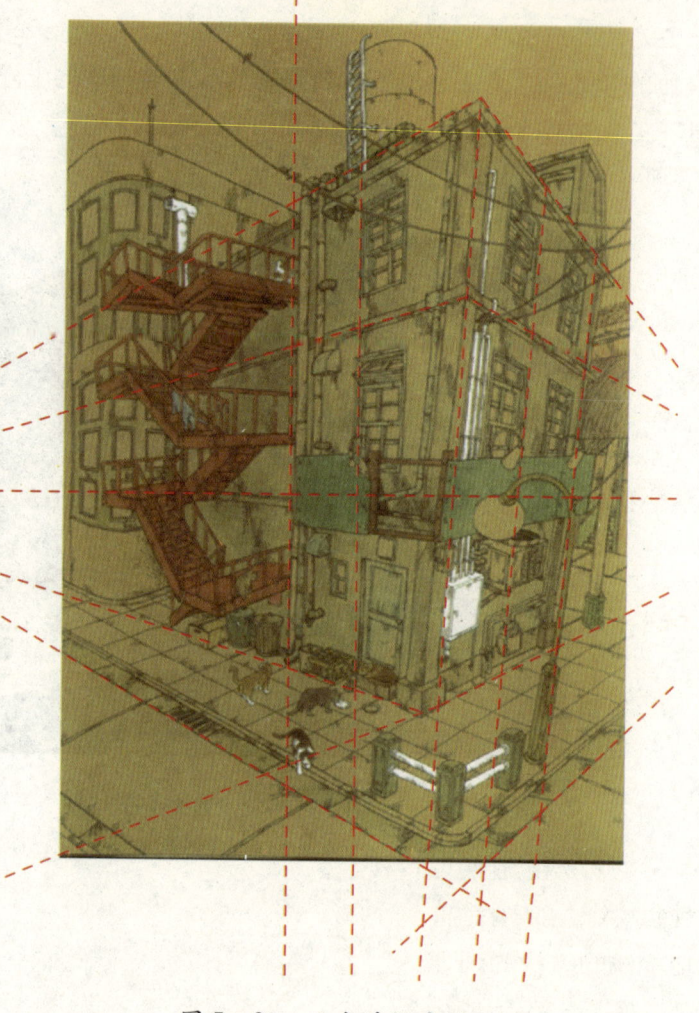

图5-20 三点透视应用

所谓视角是指观察事物的角度，它是决定构图的关键。观察角度不同，所画出的画面气氛也有差别。

视角的应用和特点：

（1）平视图在普通的场景中经常使用，显得干净利索，但一味用平视图就会缺少变化，如图5-21所示。

（2）仰视图是从下方向上的仰视，常被使用在需要画出有一锤定音之感的画面中。但仰视太多，看的人容易累，也不容易懂，如图5-22所示。

（3）俯视图可以使读者对画面中的场景及人物情况一目了然。但俯视太多，会使读者有距离感，难以融入剧情中，如图5-23所示。

图 5-21 平视

图 5-22 仰视

图 5-23 俯视

动画中需要有许多场面，为了引人入胜，应以不同视点进行衔接，让透视中的诸多视点恰如其分地在画面上表现出来，使画面可读性更强，更富有节奏、韵律和速度，使之动感更强。这种构图难度较大，需要大胆安排，细心推敲，在各种视角的画面穿插于同一页时，原则是要主次分明，让主体突出，以使人物关系得到合理的安排。

场景的绘画方法：

这里介绍的方式有别于我们传统的手绘方式，我们把要画的场景，分成几层，使用计算机软件，分层进行绘画，这样的创作快捷方便。

分层，如图 5-24 所示。

图 5-24 远景的天空

中景,如图 5-25 所示。

图 5-25 中景物体

近景,如图 5-26 所示。

图 5-26 近景物体

完成，如图 5-27 所示。

图 5-27 合成层完成的背景图

合理地对场景进行分层，可以大大提高创作效率。

5.4 软件 PhotoShop 在场景绘制中的运用介绍

  电脑的普及使它在漫画制作中的作用加大。越来越多的人把加网、复印、上色以及规划边线等辅助工作都借助于电脑。使用电脑可以比网点纸和复印机更便捷更多样化。而用电脑增加色彩还可以产生独特的效果。漫画中某些特定要求，如虚幻的环境、人或物形态的变化、某种心理状态的气氛烘托等单靠手工难以尽情表现的画面，都可以借助电脑达到接近理想的效果。随着电脑技术的发展，它在漫画制作中的作用还会进一步增强。虽然电脑帮助我们做很多的事情，但是电脑无论在漫画中有多大作用，都只能作为一种辅助手段而不能完全代替人来作画。因为漫画是一种极具个人创造的艺术品，它充满了人类的思维，离开了人，漫画也就不再有生命力了。程序只是我们艺术创造的一个方便表现工具。

  PhotoShop 是大多数漫画家最常用的位图软件，功能十分强大，我们只要用到其中的一部分功能就可以了。我们先简单的来介绍一下这个工具。

5.4.1 界面组成

首先我们来认识一下 PhotoShop 的界面组成，如图 5-28 是一个典型的界面。为了方便识别，我们加上了颜色：

图 5-28 顶部的红色区域是菜单栏，包括色彩调整之类的命令都存放在从菜单栏中。

绿色的竖长条称为工具栏，也称为工具箱，对图像的修饰以及绘图等工具，都从这里调用。

图 5-28 PhotoShop 界面分布图

工具栏上方与菜单之间的橙色区域称为公共栏，主要用来显示工具栏中所选工具的一些选项。不同的工具出现的选项也不相同。

中间大块的青色部分就是图像区，用来显示制作中的图像。

靠右边的蓝色部分称为调板区，用来安放制作需要的各种常用的调板，也可以称调板为浮动面板或面板。

调板区上方的紫色部分称为调板窗，用来存放不常用的调板。调板在其中只显示名称，点击后才出现整个调板，这样可以有效利用空间，防止调板过多挤占了图像的空间。

位于 PhotoShop 底部的称为状态栏，其中显示着图像的缩放比例、内存的占用以及目前所选工具的使用方法等，也会显示处理的进度。

除了菜单的位置不可变动外，其余各部分都是可以自由移动的，我们可以根据自己的喜好去安排界面。并且调板在移动过程中有自动对齐其他调板的功能，这可以让界面看上去比较整洁。

在右下角有缩放标志（如下左图绿色圆圈处）的调板是可伸缩调板。可以用鼠标拖动此处即可拉伸调板。一般可伸缩调板都有一个最小尺寸，不能无限缩小。

在每个调板的右上角，位于关闭按钮的下方，都有一个圆形三角按钮 ⊙（如下右图绿色圆圈处），点击这个按钮后会出现调板功能的选项。不同的调板点击后出现的菜单也不一样。

PhotoShop 的工具众多，如果全部放在工具栏中，工具栏会变得很长。因此有一些性质相近的工具被放到一起，只占用一个图标的位置，并且在工具栏上用一个细小的箭头来加以注明。如下图的画笔中就包含了画笔和铅笔两个工具。展开其他工具的方法是用鼠标点住工具不放一会儿，就会出现如下图的列表。也可以直接单击鼠标右键。

5.4.2　新建 PhotoShop 图像

打开 PhotoShop 后是一片空白，我们需要新建图像用来绘图。新建图像的方式可以使用菜单"文件"→"新建"，快捷键 Ctrl＋N。也可以按住 Ctrl 双击 PhotoShop 的空白区。所谓空白区就是既没有图像也没有调板的地方。将会出现如图 5-29 的对话框：
下面我们依次讲解上图对话框中的内容。
名称就是图像储存时候的文件名，可以在以后储存的时候再输入，如图 5-29 所示。

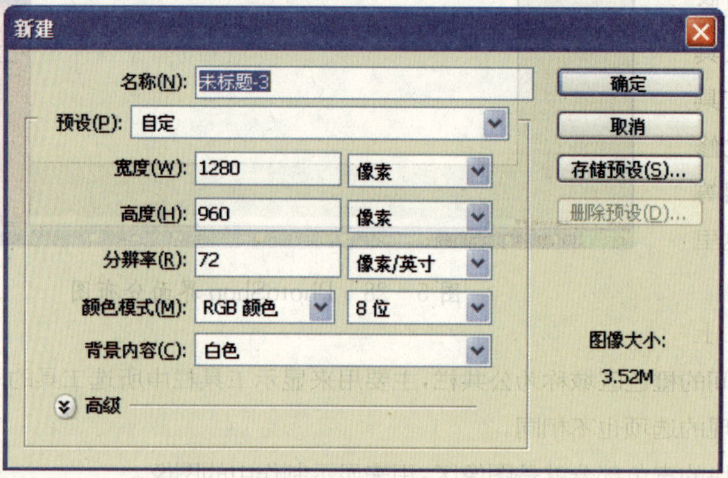

图 5-29　新建界面

预设指的是已经预先定义好的一些图像大小。如果在预设中选择 A4、A3 或其他和打印有关的预设，高宽会转为厘米，打印分辨率会自动设为 300。如果选择 640×480 这类的预设，分辨率则为 72，高宽单位是像素。宽度和高度可以自行填入数字，但在填入前应先注意单位的选择是否正确。避免把 640 像素输入成 640 厘米之类。分辨率一般应以"像素/英寸"为准。

所谓 A4 就是一种纸张规格。一张大纸对折切开，得到的两片纸称为 A1，A1 再对折切开称为 A2，以此类推。A4 就是对折切开 4 次后的大小。

还有一种 B 类分割法，B4 比 A4 要大一些。不过由于 A4 幅面比较适合阅读和携带，因此一般的办公用纸和大部分的书籍都采用 A4。

单击好或者确定就建好一个空白背景。

5.4.3　PhotoShop 文件的打开和存储

在大多数时候，我们使用 ps 来修改一些图片，那么就涉及文件的打开操作，在 ps 中，文件的打开有三种方式：

我们可以左键单击菜单栏文件选项，然后出现如图下拉菜单，单击"打开"，出现"打开"窗口，大家应该对这窗口不陌生，大多数软件的打开窗口都是这个样子的。我们可以在这个窗口中选择图片所在的盘符，然后选择我们要打开的图片。另外，我们还可以通过快捷键Ctrl＋O或者在灰色区域双击鼠标左键来打开文件，同样可以看到"打开"这个窗口，如图5-30所示。

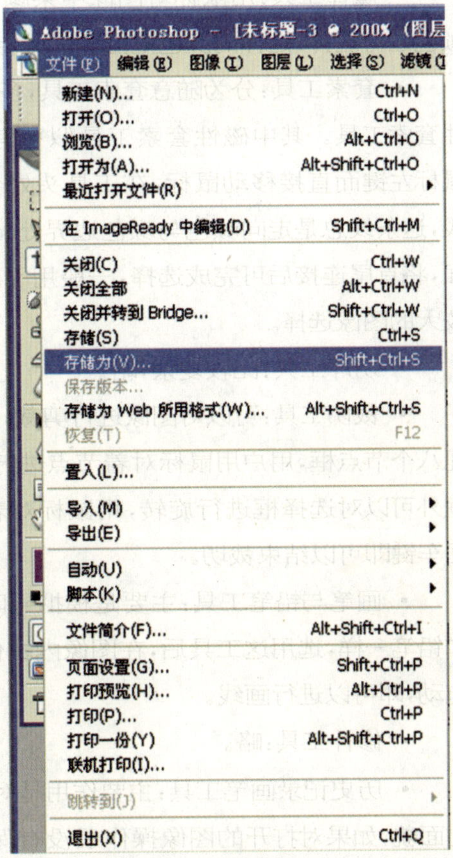

在我们对图像的修改完成以后，要对图像进行存储，跟打开文件一样，我们单击菜单栏中的"文件"选项，出现下拉菜单，可以看到"存储"和"存储为"两个类似的选项，如果我们对图片的改动比较小，那么点击"存储"就可以使用图像原有的位置、文件名以及格式来存储对图像的修改。如果我们对图像进行了诸如图层或蒙版等较为复杂的修改时，"存储"选项就与"存储为"选项一样，单击左键后出现"存储为"窗口，我们可以修改文件的位置和文件名来存储图像。同时还可以使用"存储为"这个选项

图5-30 文件菜单

对图片的格式进行修改，这个功能是很实用的，比如我们用数码相机拍的照片往往是.bmp格式的，但是网络上很多相册论坛对于图片的要求是.JPEG格式的，那么我们就可以使用"存储为"选项轻松地转换图片的格式了。如果我们选择以.JPEG格式存储文件，那么会出现"JPEG选项"窗口，单击"确定"就可以了。这里还要说一下，如果我们对图像进行了诸如图层或蒙版等较为复杂的修改时，我们选择"存储为"操作时，ps默认的图像格式为.PSD格式，这种格式是一种ps专用的格式，它的特点是占用空间比较大，但是可以完整地保存图层、蒙版等修改过程，以便于下次继续修改。也就是说假如这个图像我们没有修改完要暂停一下，或者打算下次进一步修改的时候，我们可以选择把图像存储为.PSD格式。

5.4.4 工具栏介绍

移动工具：可以对PhotoShop里的图层进行移动图层，如图5-31所示。

• 选择工具：矩形选择工具、椭圆选择工具、单行选择工具、单列选择工具，其中单行和单列选择工具可以对图像在水平方向和垂直方向选择一行像素，一般对比较细微的选

择用。

- 魔棒工具：用鼠标对图像中某颜色单击一下对图像颜色进行选择，选择的颜色范围要求是相同的颜色。
- 套索工具：分为随意套索工具，多边形套索工具和磁性套索工具。其中磁性套索工具似乎有磁力一样，不需按鼠标左键而直接移动鼠标，在工具头处会出现自动跟踪的线，这条线总是走向颜色与颜色边界处，边界越明显磁力越强，将首尾连接后可完成选择，一般用于颜色与颜色差别比较大的图像选择。
- 切片工具：比较复杂，略。
- 裁切工具：可以对图像进行剪裁，剪裁选择后一般出现八个节点框，用户用鼠标对着节点进行缩放，用鼠标对着框外可以对选择框进行旋转，用鼠标对着选择框双击或打回车键即可以结束裁切。
- 画笔与铅笔工具：主要是模拟平时画画所用的毛笔和铅笔一样，选用这工具后，在图像内按住鼠标左键不放并拖动，即可以进行画线。
- 修补工具：略。
- 历史记录画笔工具：主要作用是对图像进行恢复图像最近保存或打开图像的原来的面貌，如果对打开的图像操作后没有保存，使用这工具，可以恢复这幅图原打开的面貌；如果对图像保存后再继续操作，则使用这工具则会恢复保存后的面貌。
- 仿制图章和图案图章工具：主要用来对图像的修复，亦可以理解为局部复制。先按住 Alt 键，再用鼠标在图像中需要复制或要修复取样点处单击左键，再在右边的画笔处选取一个合适的笔头，就可以在图像中修复图像。
- 油漆桶工具与渐变工具：油漆桶工具主要作用于用来填充颜色，其填充的颜色和魔棒工具相似，它只是将前景色填充一种颜色，其填充的程度由右上角的选项的"容差"值决定，其值越大，填充的范围越大。渐变工具主要是对图像进行渐变填充，在图像中需要渐变的方向按住鼠标拖动到另一处放开鼠标。如果想图像局部渐变，则要先选择一个选择范围再渐变。
- 橡皮擦工具：主要用来擦除不必要的像素，如果对背景层进行擦除，则背景色是什么色擦出来的是什么色；如果对背景层以上的图层进行擦除，则会将这层颜色擦除，会显示出下一层的颜色。
- 减淡、加深工具与海绵工具：减淡、加深工具主要是对图像进行加光、变暗处理以达到对图像的颜色进行减淡、加深，其减淡、加深的范围可以在右边的画笔选取笔头大小。海绵工具，它可以对图像的颜色进行加色或进行减色，实际上也可以说是加强颜色对比度或减少颜色的对比度。其加色或是减色的强烈程度可以在右上角的选项

图 5-31　工具面板里包含了软件所有的工具

中选择压力。

- 模糊、锐化工具与涂抹工具：模糊工具主要是对图像进行局部加模糊，按住鼠标左键不断拖动即可操作，一般用于颜色与颜色之间比较生硬的地方加以柔和，也用于颜色与颜色过渡比较生硬的地方。锐化工具，与模糊工具相反，它是对图像进行清晰化，它清晰是在作用的范围内全部像素清晰化，如果作用太厉害，图像中每一种组成颜色都显示出来，所以会出现花花绿绿的颜色。作用了模糊工具后，再作用锐化工具，图像不能复原，因为模糊后颜色的组成已经改变。涂抹工具，可以将颜色抹开，好像是一幅图像的颜料未干而用手去抹使颜色走位一样，一般用在颜色与颜色之间边界生硬或颜色与颜色之间衔接不好可以使用这个工具。将过渡颜色柔和化。文字工具与文字蒙版工具，可在图像中输入文字，选中该工具后，在图像中单击一下便出现对话框即可输入文字。它只是横向输入文字。输入文字后还可对该图层双击对文字加以编辑。对话框中可任意选择颜色。直排文字工具，可在图像中垂直方向输入文字，其方法与文字工具相同。
- 文字蒙版工具：略。
- 路径选择工具与直接选择工具：略。
- 形状工具：形状工具分为矩形、圆角矩形、椭圆形、多边形、直线、自定义形状。其中自定义形状右边的黑色箭头的下拉选项中不受限制（可以任意的勾画形状）。
- 钢笔工具：钢笔工具是用来勾画路径，它是一个矢量图形。略。
- 吸管工具、颜色取样工具、度量工具：吸管工具是在图像中吸取颜色作为前景色。颜色取样工具是在图像在吸取颜色值，作为取样点，在信息面板 F8 中显示，最多一次可取一个颜色取样。度量工具可以测量图像中图形的长度、角度，在信息面板中显示。
- 注释工具：在图像中插入注释，图像、语音的说明。
- 抓手工具：当图像不能全部显示在画面中，可通过抓手工具移动图像，但移动的是视图而不是图像，它并不改变图像在画面中的位置。双击抓手工具可以将图像全部显示在画面中。在使用其他工具时，按住空格键可临时切换为抓手工具。
- 放大镜工具：可以放大和缩小图像的显示倍数，最大为 1 600%，最小为 0.22%，双击放大镜工具可将图像按 100% 的比例显示。在使用其他工具时，按住 Ctrl＋空格键可临时切换为放大镜。
- 切换前景色与背景色：即前景色与背景色相互交换。前景色：一般喷枪工具、画笔工具、铅笔工具、油漆桶工具等工具对图像上色的颜色，即前景色是什么色就上什么色。背景色是一种辅助性的颜色。
- 缺省值的前景色和背景色：即黑色和白色，黑色为前景色，白色为背景色。

5.4.5　图层

图层是 PhotoShop 中很重要的一部分。图层也已经成为所有图像软件的基础概念之一。

比如我们在纸上画一个人脸，先画脸庞，再画眼睛和鼻子，然后是嘴巴。画完以后发现眼睛的位置歪了一些。那么只能把眼睛擦除掉重新画过，并且还要对脸庞作一些相应的修补。这当然很不方便。在设计的过程中也是这样，很少有一次成型的作品，常常是经历若干次修改以后才得到比较满意的效果。

那么想象一下，如果我们不是直接画在纸上，而是先在纸上铺一层透明的塑料薄膜，把脸庞画在这张透明薄膜上。画完后再铺一层薄膜画上眼睛，再铺一张画鼻子。如下图，将脸庞、鼻子、眼睛分为三个透明薄膜层，最后组成的效果。这样完成之后的成品，和先前那幅在视觉效果上是一致的。

虽然视觉效果一致，但分层绘制的作品具有很强的可修改性，如果觉得眼睛的位置不对，可以单独移动眼睛所在的那层薄膜以达到修改的效果。甚至可以把这张薄膜丢弃重新再画眼睛。而其余的脸庞、鼻子等部分不受影响，因为它们被画在不同层的薄膜上。这种方式，极大地提高了后期修改的便利度，最大可能地避免重复劳动。因此，将图像分层制作是明智的。

在 PhotoShop 中我们也可以使用类似这样"透明薄膜"的概念来处理图像。在图层调板中可以查看和管理 PhotoShop 中的图层。图层调板是最经常使用的调板之一，通常与通道和路径调板合并在一起。一幅图像中至少必须有一个层存在。

如果新建图像时背景内容选择白色或背景色，那么新图像中就会有一个背景层存在，并且有一个锁定的标志 🔒，如右图。如果背景内容选择透明，就会出现一个名为图层 1 的层。

图层调板可以显示各图层中内容的缩览图，这样可以方便查找图层，如图 5-32 所示。

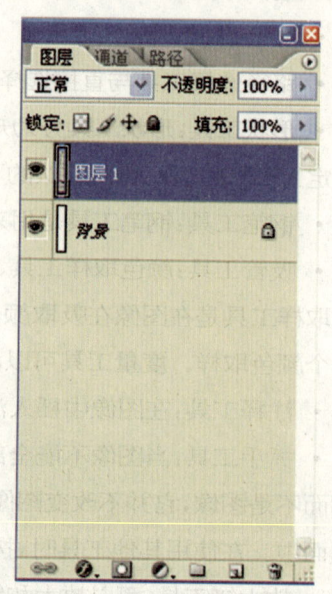

图 5-32　图层面板

5.4.6　蒙版

蒙版可以理解为在当前图层上面覆盖一层玻璃片，这种玻璃片有透明的和黑色不透明的，前者显示全部，后者隐藏部分。然后用各种绘图工具在蒙版上（即玻璃片上）涂色（只能涂黑白灰色），涂黑色的地方蒙版变为不透明，看不见当前图层的图像，涂白色则使涂色部分变为透明可看到当前图层上的图像，涂灰色使蒙版变为半透明，透明的程度由涂色的灰度深浅决定。

在 PhotoShop 中，蒙版有图层蒙版和快速蒙版两种。它们都可以创建、编辑和保存种种选区。另外一个重要功能是图层蒙版还可以根据需要遮蔽部分图像的作用。它的作用是对所选区域进行保护，让其免于操作，而对非掩盖的地方应用操作。

- 矢量与点阵

矢量与点阵是计算机记录图像的两种方式。

这两种方式的最大区别在于记录的形式。前者是记叙性的,后者是描述性的。点阵图像又叫位图,就属于记叙性的,以点为记录的对象。而矢量图像属于描述性,以线段和计算公式作为记录的对象。

比如说一条斜 45 度的直线,如果以点阵方式来记录,就不单单记录一条直线就是从这条直线所在的方形区域。左上角第一个点开始,到右下角最后一个点结束,记录所有像素的颜色。假如说方形区域的,长是 200 像素,宽是 50 像素。那么记录这幅图像(200×50 像素)就需要 1 万个信息。即使这条直线本身并没有那么多像素,但点阵方式也是完整地把整幅图的像素记录下来。因此不管是一条直线还是两条三条,对于点阵图像来说都是一样的、都是去逐个记录图像中的所有像素。

如果用矢量来记录这条直线,只需要三个信息:直线起点坐标、直线终点坐标、直线的颜色。在还原的时候就利用这三个信息去生成图像,就如同乐队把乐谱演奏出来一样。由于矢量的这种特点,使得它非常便于修改。比如要把下图的直线旋转一下,点阵方式就需要重新记录所有改动过的像素信息。而矢量图只需要改动起点和终点的坐标就好了。当放大图像的时候,点阵图像会产生模糊和锯齿。就如同录音带播放时候加速产生的变调。对图像质量是有损失的。而矢量图像是根据放大后的坐标重新生成图像,不会产生模糊和锯齿,对图像质量是没有损失的。

- PhotoShop 创作实例

下面就用一个实例给大家讲解一些用 PhotoShop 处理漫画的第一步,即勾线与圆滑处理。这是一个什么样的过程呢?简单来说,就是能够把你手绘出来脏兮兮、灰蒙蒙的铅笔稿变得干净、清晰、线条流畅。同时这个步骤还相当于把你的铅笔线稿从白纸上分离出来,让黑色的线条附着在一层透明的塑料板,以便于我们进一步使用电脑对画稿进行上色、加网、加背景等处理。但是如果你只是打算画一幅单色画稿的话,把勾线与圆滑处理好了,再简单地进行一下加网处理,这幅画就可以说就已经完成了,而对于彩色漫画来说,这个步骤是基础,是绝对必不可少的。

那好,下面我们就来学习下原稿的勾线与圆滑处理。

(1) 把画好的原稿扫描到电脑里,由于各种扫描仪的用法都不太一样,这里就不介绍了,有两点要求,一是尽量使用灰度扫描,二是扫描的分辨率要在 300 dpi 以上,否则扫出来的图像会很不清晰,如图 5-33 所示。

图 5-33 草稿图

(2) 单击菜单栏上的"图像"出现下拉菜单,跟着单击"调整"出现下拉菜单,单击"色阶"出现"色阶"窗口。或者使用快捷键 Ctrl+L 直接出现"色阶"窗口。调整输入色阶的黑色和白色两个滑块,使图像变得更清晰,直到满意为止,然后确定。这时的图稿就会变得黑白分明,但是仍会有一些"脏点儿"或者不该有的线条,用橡皮工具把它们去掉。这样,一幅比较干净的画稿就会出现在我们面前。

(3) 单击菜单栏上的"选择"出现下拉菜单,跟着单击"色彩范围"出现"色彩范围"窗口,"颜色容差"改为 200,单选"选择范围",注意这里的"选区预览"一定要选择"快速蒙版"而且右侧的"反相"一定不要勾选。如果没有问题的话,你会发现,你原来的黑色画稿蒙上了一层淡红色薄膜,而在"色彩范围"窗口中的预览图形变成了负片,这是把鼠标移到预览图片上,鼠标会变成一个吸管的形状,在预览图片的白色区域,也就是原画稿中黑线条的地方单击,然后确定,这时我们发现画稿中的黑色区域全部被选择。

(4) 在窗口右侧找到"图层"选项卡,如果没有,按 F7 激活该选项卡,双击"背景"绿色区域,出现"新图层"窗口,默认的名称是"图层 0",点确定,在"图层"选型卡的右下角找到"创建新图层"按键,单击,出现"图层 1",右击"图层 0",删除图层,现在我们就得到了一个灰白方格背景上的画稿的选区。

(5) 在"图层"选项卡窗口中找到"路径"选项卡,如果没有,我们可以在菜单栏"窗口"下拉菜单中找到"路径"勾选。在"路径"选项卡右侧找到这个按键,单击选择"建立工作路径"出现"建立工作路径"窗口,将其中的容差值改为 0.5~2.0 之间的一个数值,数值越大画稿丢失的细节越多,反之画稿就不会那么圆滑。确定,这一步会比较慢,因为电脑会根据数值计算出一个矢量路径,也就是我们前面讲过的矢量图像。完成以后会出现一个镂空的画稿。现在确认颜色选项是否为默认值,如果不是,单击颜色选项缺省值按键还原为默认值。在"路径"选项卡左下角找到"用前景色填充路径"按键,单击填充路径,看我们的画稿又回来了。在工作路径绿色区域右击,选择删除路径,然后回到"图层"选项卡,我们就得到了一张画在透明塑料板上的黑白线稿,但是在一个灰白格背景上看起来很不方便,我们可以按照以前的操作,新建一个图层,然后在左边工具栏中单击"切换前景色与背景色"然后选择"油漆桶工具"在菜单栏中调整模式为正常,不透明度 100%,单击填充颜色。前面我们讲过"图层"这个概念,现在只不过是一张白纸覆盖在我们做好的画稿上,我们只需要改变一下它们的顺序就可以了。在图层选项

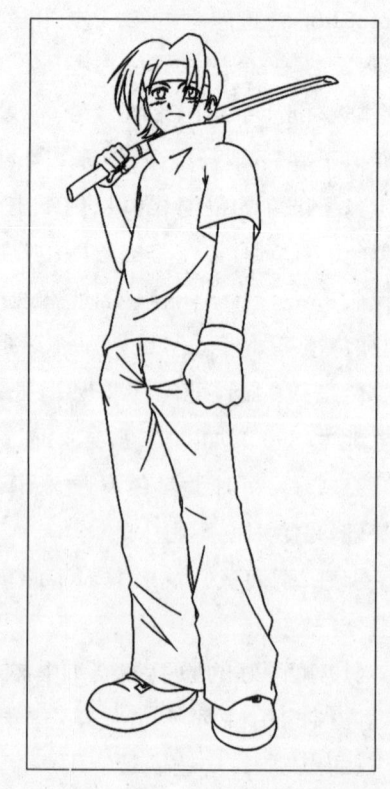

图 5-34 清理完线条的图

卡通过图层预览,找到我们刚刚填充为白色的那个图层,然后把它拖动到画稿图层的下方,完成,一张黑白线稿就这样诞生了。最后我们用前面学过的知识,把这幅作品存储为.psd或者.JPEG文件,如图5-34所示。

(6)调出油漆桶工具,或按快捷键"G",选中要用的颜色在需要上色的地方点一下,色彩就铺满了一个封闭的空间,这里要注意的是我们先前的黑白线条必须封闭。这样大体色就画好了,如图5-35所示。

图5-35 上完大体色块的图

图5-36 描绘了明暗部的图

(7)勾画出物体的暗部和亮部,如图5-36所示。

第6章 动画运动规律

动画和原画是使动画片里的每一个角色能够在作品里活动起来的主要创作者,类似于故事片里的演员。不同的是,它们不是以自身的形象和动作与观众直接见面的,而是用作者的想象和画笔去塑造动画片里的各类角色,赋予静止的角色形象的生命和性格,使它们栩栩如生地活动在银幕、荧屏上。在完成了动画创作的前期后,有具体的美术设计和分镜头台本之后,下面就要接触到动画影片与"动作"有关的重要设计工作——原画设计,而一部动画片成功的关键,特别是影片的运动格调和技术层面,便是动画的精髓所在,如图6-1所示的动画片中的动作设计。

事实上,一部动画片编剧所构思的主题情节、导演的总体艺术创作意图、美术设计所创造的角色形象。都必须通过动画和原画的再创造体现在观众面前。因此,在动画片创作绘制中,动画和原画人员对导演意图理解的深度,对人物形象掌握的准确性,对角色性格特点的把握以及想象力是否丰富,动画技巧运用是否熟练以及动作表情表现得是否生动等等,都将关系到一部动画片的艺术、技术质量。

6.1 原画

原画是一门特殊的绘画创作,它对一部动画片的成败起着至关重要的作用。即使到了现今电脑成为动画主流制作技术的时代,动画的原画仍需要大量的手工绘画工作。

原画创作顺序一般为:研究分镜头画面本、了解情节的安排、影片节奏与导演的创作意图。

掌握角色的造型、分析角色造型的风格、熟悉其各种角度的造型,可以将角色转换为几何图形,方便掌握其形体特征、比例、结构。参考主要角色造型的雕塑,作为立体造型的依据。

图6-1 动画片中的动作设计

分析设计稿：设计稿中包括角色主要动作姿态、角色与背景之间的空间关系。参考镜头设计稿的设定，可以方便制作者进行动作分析、速度分析。难度较大的动作、表情，可以请真人模拟表演并拍摄下来，以供观摩参考，需要注意的是动作的起始与转折如何表现、主要运动与次要运动各是什么形状等问题，如图6-2所示的原画表现。

检查：用类似"手翻书"的方式检查已完成的图稿，并将时间分析的结果填写成摄影表。摄影表的格式包括场景、对白（为了配合同步）、图层、摄影指示等。摄影表由原画师填写，是每个镜头绘制时的依据。

完成：导演检查通过后，原画师的工作就完成了。

图 6-2 原画表现

动画和原画是逐个镜头来完成绘制任务的。假如要完成一定长度的动画镜头,并不只是一个人由始到终,一张张连续地画下去,直到画完为止,而是为了有利于把握动作的质量和方便于繁复工作的顺利进行,必须将动画和原画分成两道工序。动画和原画各自不同,担负着不同的工作任务和要求。原画是实施动画的前导,也是一种规范动画的格式。

原画是动画片里每个角色动作的主要创作者,是动作设计和绘制的第一道工序。原画的职责和任务是按照剧情和导演意图,完成动画镜头中所有角色的动作设计,画出一张张不同的动作和表情的关键动态画面。概括地讲,原画就是运动物体关键动态的画。每个镜头中,角色的连续性动作必须先由原画画出其中关键性的动态画面,然后才能进入第二道工序的工作,即由动画来完成动作的全部中间过程。

原画设计对创作者的素质要求很高,在动画制作领域,编剧、台本、原画是比较高端的工种,原画的工作难度和综合技能并不低于导演。导演根据影片的总体构思,会在艺术处理上提出新的要求,不同的剧本会有不同风格的造型,需要去适应和掌握。影片中各类角色的艺术形象,将由原画去塑造,动作、表情的设计和绘制、镜头里技术性问题的处理和解决等等,都是原画工作的职责。所以,原画的要求是综合性的,主要包括全面的影视、镜头知识、丰富的想象力和熟练的技巧,如图6-3所示的汽车的动作原画。车辆本是没有生命的物体,但是在原画师的精心设计绘制下,加入拟人化夸张的动作,便使动画形象有了鲜明的个性特征,以至整个影片都具有了活力。

图6-3 动作设计的原画

技巧包括以下五点技能:

第一是指原画创作要具备极敏锐的观察力。原画人员应该养成观察生活的习惯,这种观察并非是纯粹的看"热闹",因为看热闹是看过即忘,不会有什么印象,若是从专业角度去观察事物,有意识地汲取,就会看到眼里,记在心里,对原画创作有一定的联想和启发作用。素材多是靠平时积累的,一旦在原画工作需要时,就不会脑子空空、无所适从,而是立刻闪现出许多感性的形象素材可供选择,从而打开创作思路。因此,平时养成注意观察一切事物的习惯,对原画工作十分有益。

第二是需要善于思考、研究,特别是总结运动规律、物像的共性和特性。这是与观察密切相关的,如果看了之后不思索,常常便会看过即忘。世界上各种物体运动都有它一定的规律,但又是千变万化的。以人走路为例,在日常生活中司空见惯不足为奇,但是只知道它的一般规律,而不研究它的特殊性是不全面的。

第三是原画作者要善于表演、体验。肢体语言和表情动作是动画的动作精髓,原画是挥笔的演员,懂得一点表演知识也是不可缺少的。为了设计好一组动作,必要时按照剧情要求亲自表演一番,做一做动作,体察一下动作的来龙去脉,照着镜子看看动作姿态、形体结构的变化,不无益处。有的时候,为了画好角色喜怒哀乐的情绪变化,原画人员对着镜子,揣摩一下自己的表情,便可将角色的神情表现得更为确切。当然,原画创作更多的是一种通过脑子的构思,反复设想,在脑海里浮现出形象化的演示动作的能力。表演和体察也是一种辅助的手段。在动画创作前期中,原画是比较高端的,工作中表演性和自我体验性都很强。

第四是高超的绘画技能。

第五是要求能够精确计算。从原画的职业特点出发,养成计算时间的习惯也是必不可少的。为什么有的原画人员对设计动作比较擅长,一旦到计算时间,确定张数、格数时,就束手无策了呢?常常为动作速度的快慢处理不当或动作节奏平淡而烦恼,其原因主要是在计算时间上没有抓住要领。动画片是以 1 秒钟 24 格在银幕上展现的。这是一个科学的概念。有时候,动画片实际制作常用"三做一"或"二做一"的格式,即 1 秒钟 8 格画面或 1 秒 12 格画面,所以,大多数动画的流畅程度是不如实拍电影的,这是从成本方面的考虑出发的,能够节约近一半的中间画成本,而实际的观赏效果并没有降低太多。日常生活中,1 秒钟不过是"嘀,嗒"两下,短而又短,人们并不当它一回事。可是在原画的脑子里,这短短的 1 秒钟,却包含着 24 个画面,其中原画往往画出几张关键动态,必须精心计算才能使动作处理得合理。因此,原画应该养成默算秒数的习惯,平时看到或碰到一些特殊动作不妨默算一下时间,久而久之当碰到某个短暂的运动状态时,便能比较精确地估计出它的秒数来了。这对原画工作的处理速度和节奏也是非常有利的。

除了以上几点之外,现代原画创作者还必须具备一定的计算机知识,电脑动画技术已经成为主流,了解电脑的制作流程、技术优势和其局限性才能在原画与电脑制作的交接过程中保持顺畅和协调。现代动画制作基本上都是团队合作,原画作者的能力、喜好、风格会对后面的制作产生很大的影响。

原画设计时要仔细研究分镜头台本。熟悉角色造型和人物性格,并牢固掌握镜头的移动方式,创作者在此之后经过仔细的分析,可以进行原画的绘制。在原画创作中,首先要计算时间,填写摄影表,在完成画面之后,一般要经过动检仪的检查和修正。计算时间、填写摄影表是指按照动作的要求,用秒表计算出整套动作的时间,根据总的秒数,再分别确定每个关键动态之间实际所需加动画的张数,并且顺着次序对每张原画进行编号(原画号码外应加一个圈,以示与动画的区别),再填写摄影表。填写方法是顺着编号次序,按照动作的快慢节奏,逐格填写每幅画面拍摄的格数。一般来说,每张画面可拍两格,特殊情况也可拍一格或三格。当某个动作需要短暂的停顿时(一般都选合适的原画面画),可以根据需要多拍几格,直到摄影表填完。摄影表上的长度应与镜头规定的时间基本相符,才算合格,如图6-4所示的各种行走动画,不同的行走方式采用的原画数量也不一样。

动检是指原画经过创作构思、动作分析、原画起草及填写摄影表之后,将整个镜头画面通过动作检验仪的电脑线拍。这时,完整的一套原画连续动作便活动在电脑荧屏之上。通过反复观看动作效果,检验是否充分表达了镜头内容的要求,是否符合自己预期的动作设想,速度和节奏是否适宜等等。所有的原动画经过检验后,再经过修形,才能够正式进入动画摄制和合成阶段。现代动画制作中电脑

图6-4 人物行走动作设计

的使用使动检合成提高了效率,特别是修形、上色、改动的方法比较简便。原画的工作流程如下:

1) 构思

所谓构思,就是把导演对每一个镜头提出的要求,由原画进行再创造,将它具体地表现出来。因此,首先要进行构思,想出最能表达在一定情景下角色的典型动作。

2) 分解

把已经构思好的整套动作分别画成原画,这就需要进行动作分析,也就是在设想好的一套完整动作之中,确定哪些地方是动作起止的关键动态,哪些是动作的重要转折,因为这些重要的姿态就是确定画原画的所在。

3) 组合

这里所说的组合就是把每张关键动态原画按照动作的前后顺序连接起来,通过计算

全部动作所需的时间确定动画张数,编写原画号码,填写摄影表,这样便组合成一套完整的既符合导演意图又能体现角色性格和规定情景下行为目的的连续动作,经过细细揣摩,如果说认为某些关键动态选择不当或者表现不够到位,便可进行修改或调整,直到满意为止。

4)展现

完成关键动态原画草稿之后,可以将所有画稿按顺序排列在一起,用手反复翻看动作效果,或者将画面通过动检仪的线拍,整套原画动作就活动了,借助形体动态线这一有效表现手段,可以使所画的动作姿态更加确切,并能得到加强,如图 6-5 所示。鸟飞翔的运动中身体的上下起伏构成优美的动态线。

图 6-5 鸟飞翔动作设计原画

除了动画的画面绘制和结构分析外,要特别留意动作的时间进度和节奏变化。原画笔下的形象就是未来动画片中的角色,所以不仅形象要画得准确,姿态要画得生动,还必须精确地计算动作的时间,掌握动作的节奏。只有这样,在银幕或荧屏上所看到的动作才能是生动的、完善的、令人信服的。动画片的动作一般以秒为基本单位来计算时间,1秒为24格,一般的动画片使用一拍二或一拍三的数量完成,即1秒钟12格或8格,慢速的动作使用的格数多,反之格数少,原画为了使动画制作精确,一般以秒表来测算。而节奏是指动作的幅度、力量的强弱、速度的快慢以及间歇和停顿等变化。

一部动画片,导演对剧情的发展和镜头的切换也是从序幕开始,从情节铺垫到展开,经过跌宕起伏,发展到高潮,最后到结局尾声。时缓时急,有节奏地进行才能扣人心弦,使观众看得入味。原画设计一个镜头或一组动作同样应该对动作幅度、力量强弱、速度快慢、间歇停顿等进行妥善处理,形成有节奏的运动,才能使所画的动作达到生动、协调的良好效果。

准确掌握动作的时间和节奏,不能脱离对动作构思和关键动态的选定这个基点。掌握动作节奏的基本方法是对距离、时间、张数三个关系的正确处理。

距离指的是动作幅度,也就是第一张原画到第二张原画两张关键动态之间的距离。间距大,动作速度就快,间距小,动作速度就慢。时间指的是动作秒数,也就是第一张原画到第二张原画,两张关键动态之间所花的时间秒数多,动作速度就慢;秒数少,动作速度就快。张数指的是画面数,也就是第一张原画到第二张原画,两张关键动态之间动画的数量,动画张数多,间距就密,动作就慢;动画张数少,间距就宽,动作就快。动作的节奏是由动态距离、动作时间和画面张数这三个方面组成的。它们是相互关联的整体,其中以动态的距离(即关键动态的设定)为基础,加上准确计算时间,合理确定张数,才能使动作节奏取得满意的效果。距离、时间、张数是构成节奏的基本技术要点。原画设计动作,还包含着艺术的重要因素。要使一个镜头中的角色动作精彩、生动、使人难以忘怀,原画要不仅能够想动作,能够画好角色的动作姿态,还要懂得运用动作节奏上的变化。在实际绘制中,对动作的分析中包含一个重要的概念——"预备性动作"。预备性动作是加强动作对比而形成"动感"的要素一般由动静、放收、急缓这样的对比元素构成。

动静就是运动作节奏上的强烈反差,引起人们对某个角色的形象或动作目的的关注。这就应该在设计整套动作时,安排好以动为铺垫,突出静的主题;或以静为预示,烘托动的急剧。放收就是运用动作幅度上收紧与放开之间的明显对比,加强主体的力度,给人造成较深的印象。在动画片中,为了表现一个大动作的强烈效果,在设计动作时,必须对前一个动作在姿态和幅度上给予紧缩或收拢,也可以说是力量的积聚和准备,然后,突发性地扩张或展开,这样就充分表达了主体动作的力度。急缓是运用动作速度上的急骤与舒缓、快速与优柔交错结合,表达节奏上的变化,使动作不显平淡,富有层次及动感。

在预备性动作的概念中,还包括动作的停顿(定格)。定格一般用于主导作用的关键动态原画画面或特写镜头中,当动作自动改变时,也可以适当定格。日本TV动画经常使用定格画面,一方面是为了表现画面的力度和美感,另一方面也是出于成本的考虑。

在动画的运动规律中,还包括动作的物理原理,主要包括作用力与反作用力、弹性惯性、加速度和负加速度等等,动作的造型语言又主要包括夸张、流线、循环等部分。动画片中经常有一些特殊的规范的程式性的动作结构,主要包括表情、口形、动作分层等等。动画片的夸张表现为情节、构思、形态、速度、情绪等方面综合的夸张。流线主要是指动画片中夸张形象动作的速度或效果的一种特殊技巧,是原画在设计动作时经常运用的。表现手法一般分为速度性流线和效果性流线两种,表现为极快或某种感觉或特殊想象所产生的视觉曲线。

动画制作中会接触到绘制拍摄中的许多技术性问题,包括动画镜头的技术处理。

传统的拍摄法通常运用推、拉、摇、移等镜头语言,电脑动画在后期处理方面有很大的能动性和宽容度,理论上已经能完成摄影机的所有功能并有所超越。在现代动画制作中,大都使用分层画法,即在同一镜头中,将角色不同的部位或众多动体分成几层画面,这是化繁为简、合理省力、提高效率的一种处理技巧。一般主要分层的画面包括以下几种:第一,主次不同。在同一个镜头中,如果有两个以上的人物或众多人物的场面,主角动作一般比较丰富多变,次要角色往往作为陪衬,动作相对较少,时动时停。另外,某些镜头中虽然只有一个角色,但是整体动作变化不多,有时基本不动,而局部动作比较明显。第二,运动规律不同。在同一个镜头中,既有人物的动作、动物的活动,又有水、火、烟等自然现象的运动,它们各自有不同的动作内容和自身的运动规律,如图6-6、图6-7、图6-8、图6-9所示。第三,速度不同。在同一个镜头中,有的动作幅度大、速度快,有的动作幅度小、速度慢,有些是有节奏的运动,有些则是无节奏的运动,有的则保持静止状态。

图6-6 汽车排烟运动规律

图6-7 烟雾的运动规律

图6-8 烟囱排烟的运动规律

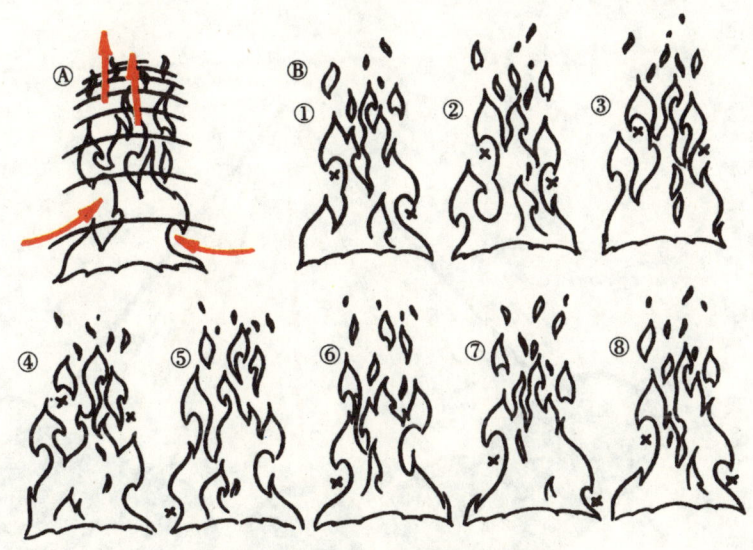

图6-9 火焰动作的运动规律

以上几种情况,如果将所有动体画在同一张画面上,必然会给原画工作带来许多麻烦,操作上也不科学,一旦发现某个局部动作不够理想或速度上需作小的调整,势必就会影响画面的其他动体。另外,将动与不动的角色画在一起,不动的角色形态就需要拷贝复描,这样不仅增加了不少工作还会因拷不准而引起形象的抖动。所以,运用原画分层画法,有三个优点:一是便于操作,二是保证质量,三是省时省力。原画分层应当注意以下两点:一是画面虽然分成几层,可是在同一镜头中仍然是一个整体,因此规格、构图、人物比例、透视关系、活动地位及角色视线等等,都应注意协调并有机地结合。二是如果采用赛璐珞片描上动画镜头,最多不能超过四层,如果赛璐珞片层次多了,会影响透明度,造成画面景物的色差,特别是已经确定前、中、后层次的排列,不能随意增加或减少,也不可中途跳层,以免因为色彩上明度的变化而影响画面的质量;电脑动画中对图层的限制比较少,现代电脑动画能制作几十层或上百层画面复杂、动态丰富的画面,是传统动画技术所不能及的。

6.2 动画

　　动画也称中间画,是原画的助手和合作者。动画的职责和任务是将原画关键动态之间的变化过程按照原画所规定的动作范围、张数及运动规律,逐张逐张地画出中间画来。它要求中间动画师遵循摄影表的指示,完成原画之间的中间画,使画面连贯起来成为一个完整的动作。概括地讲,动画就是运动物体关键动态之间渐变过程的画。动画片中,所有完整的连续性动作都必须经过原画(关键动态)和动画(动作中间过程)这两道工序的分工合作、密切配合,才能完成。动画和原画是精细复杂的工作,也是极具艺术创作性的,表现出极高的绘画性和严格的技术规范,除了一定的艺术修养和绘画技能之外,还需要通过严格的规范训练,才能够胜任。现今的动画制作中,电脑取代了动画中的某些环节,特别是3D动画对动态画面的制作已经大大超出了"一张一张"逐张绘制的范畴。动画的绘制要严格依照原画和摄影表进行,如图6-10所示。动画严格按照摄影表中的指令绘制中间画,才能够使小球的运动更加真实,具有加速和减速的速度分解。

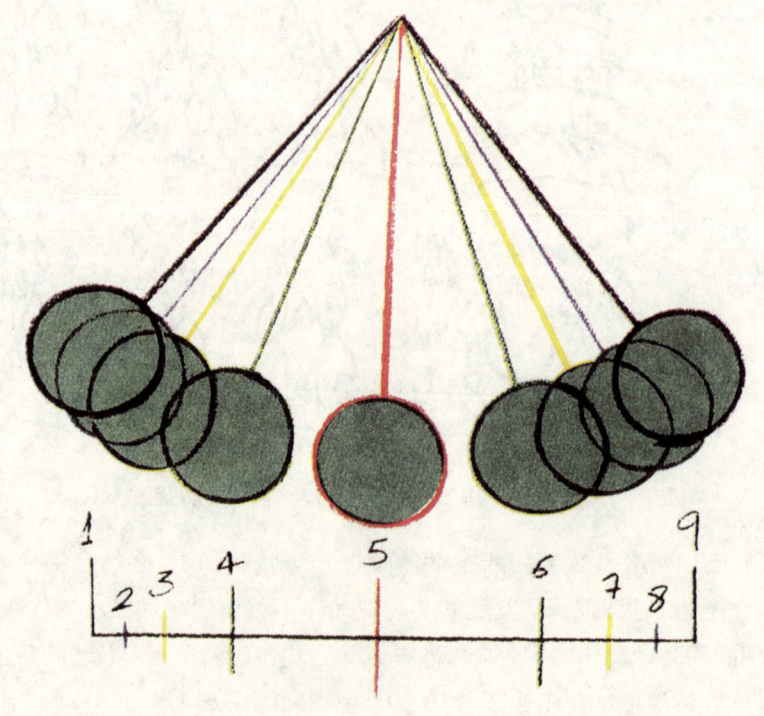

图6-10　钟摆运动

原画师注重的是准确表达角色动作的形态,还有保持动作的顺畅,因此原画的笔触通常比较潦草,需要助理动画师帮忙做"清稿"的工作,并将处理好的画面送交动作测试。中间动画师发挥创意的空间则比较少,工作的技术含量比较大,需要具备正确的透视概念,对于线条、造型准确的掌握,还要有严谨、负责的工作态度,如图6-11所示。

图6-11 原动画符号标志

6.3 中间画

中间画又称动画,是按照动画设计师绘制的原画所要求的动画范围、张数等所绘制出来表现动作中间过程的画面。动画与原画共同完成动画片中角色的动作设计与表现,是动画绘制的两道工序之一。

1) 中间画的特点

中间画工作是将动画设计已经画好的关键动作,即原画之间的变化过程,按照角色的标准造型、规定的动作范围、张数以及运动规律,一张一张画出中间画来,如图6-12所示,在本图中动画绘制人员根据1.5号原画加入中间画3,根据5.9号原画加入中间画7……以此类推,将动作一张张地绘制出来。

图6-12 人物动作规律

中间画工作是一项非常繁重的、重复性强的劳动,动画工作需要严谨的设计及绘制,不可以进行随意的改造。动画工作人员需要经过严格的训练才能胜任工作。

2) 中间画的绘制方法

绘制中间画时,要按照原画的编号顺序,将前后两张原画套在定位器的定位钉上,再在其上覆盖上一张规格相同的空白画纸,打开拷贝台下的灯光,在两张原画的形象动态之间,按照要求画出第一张中间画,这张中间画的动作间距和动态变化往往比较大,难度比较高,我们称之为"一动画"。一动画完成后,再将第一张原画与一动画相叠在一起,套在定位器上,覆盖上另一张空白画纸,画出"二动画",直到两张原画之间的中间过程动画全部完成。绘制中间画是一项十分繁复、细致的工作。一部 10 分钟左右的短片,除原画外,通常需要绘制 4 000～6 000 张的中间画。这些工作都由动画人员来完成。

3) 中间画工作的要求

动画片中每一镜头的中间画,都必须对照摄影表进行操作,要符合原画的规定。所画的中间动作姿态必须符合运动规律,还要有一定的创造性。中间画上的形象要做到造型准确、结构严谨、线条清楚、画面整洁。一动画完成后,要交给动画设计师审看,符合要求后再画二动画。在一个镜头的所有中间画全部完成之后,自己要先做一次全面检查,做到不走形、不漏线、不缺张数,再将完成的镜头交给动画检验人员审查,直到通过为止。

4) 检查中间画质量的标准

(1) 对原画动作设计的意图是否理解清楚,是否准确表现出来。

(2) 是否熟练掌握角色造型,是否能准确地绘制形象的转面、动态的结构。

(3) 所绘动画线条是否达到要求。

(4) 角色的动作与运动是否符合运动规律。

(5) 画面是否整洁,动画张数是否齐全,号码和标记是否准确。

5) 中间画从业人员的能力要求

目前,手绘动画片中大部分角色的动作与形象都是由线条来表现的。因此从事中间画绘制的人员要熟练掌握铅笔线条技能,学习动画的人员可以通过复描的方法进行反复练习。学习绘制动画的人,要首先从线练起,除了训练手上的功夫,还应注意训练目测的能力。只有坚持不断地练习,才能取得满意的成绩。

由于手绘动画主要以单线塑造形体,所以在这里我们也着重地介绍一下动画的线条。

1) 动画线条的重要性

(1) 目前,大部分手绘动画是以单线描绘造型,主要依靠线条来勾画角色的形象和动态。动画铅笔线条的好坏,直接影响到一个镜头的质量。学习动画绘制要重视铅笔线条的训练,以便适应动画专业工作的需要。

(2) 国内生产的动画片,单线平涂形式是其主要绘画形式。虽然国外摄制的艺术性短片采用了多种美术形式,但是,许多艺术性的动画长片和提供给电视台播映的系列动画片,仍然采用传统的单线平涂制作方法,并未降低对动画铅笔线条的质量要求。

(3) 随着科技的进步,制作工艺也在不断发展和更新。虽然以往完全依靠手工描线的工序开始逐步被描线复印技术所替代,特别是为了适应快速生产系列动画片的需要,采用描线复印工艺为主,但手工描线是基础,不能被取代。描线复印对动画线条的质量有新的要求,所以动画线条的质量更加至关重要。

2)线的分类

(1)从线形上分,有均匀和不均匀两种类型。

①均匀的线:即从头到尾线条要均匀、粗细一致。

②有变化的线:即开头和结尾较重,中间放松,使手指和腕部稍微休息一下。重和轻是均匀的过渡关系,这样的线既有变化又不生硬。

(2)从粗细上分,有粗细的变化。

①粗线:主要用于重点和需要特别突出的地方。

②中线:用于比较重要的地方,次于粗线。

③细线:用于睫毛、眼睑、衣服的皱褶等细节的刻画。

3)线条要求

线条必须挺而流畅,不能间断。动画线条的粗细要均匀。根据动画的特点,一般业内人士对动画线条的要求用四个字进行概括:准、挺、匀、活。

准:复描(拷贝)形时,必须与原来的画面一样,不能走形、跑线。

挺:每一根线条必须肯定有力,不能中途弯曲、发虚、发抖。最好一笔到底,线条不能有虚线或双线。

匀:同一张画面上,线条必须粗细匀称、用笔一致,才能达到整个画面线条的统一。

活:用笔要流畅、圆滑,线条要有精神、有生气,要传达出所画形象的神情和美感。

4)采用描线扫描工艺对动画线条的新要求

采用描线扫描工艺是近年来随着计算机技术的发展和对外加工业务、系列动画片生产的需要应运而生的技术。为了使动画线条适应复印工艺的要求,需注意以下几点:

(1)绘制线条必须使用软性的 2B 或 3B 铅笔,因这类铅笔质地软,用笔要轻、稳、肯定,不能用力过重,造成线条过粗或把线深深刻入纸中,这样都会影响扫描的质量。

(2)落笔的线条要准,用力均匀、力量一致,尽量少用橡皮进行涂擦和修改,以免线条模糊不清、纸张起毛、纸面发黑。

(3)落笔线条既要准又要挺,还要粗细适中。

5)动画线条的训练

动画线条的训练大致可以分为三个步骤:

(1)徒手训练线条

可以先徒手勾画各种风格的线条,如直线、弧线、圆圈等,反复练习使铅笔线条粗细匀称、流畅,运用自如,这种训练可以不画形象。

(2)衔接线条的训练

在动画工作中,由于各种原因常会出现一根线条无法一笔画到底的情况,但线条的要求又不能造成两截感觉。这就需要采用线条衔接的技巧来解决。具体为在一根线条的末端再衔接一根线条,衔接处尽量不露痕迹。前后线条要用笔一致,才能产生一气呵成之感。

(3)形象复描的训练

动画工作中,经常需要整张地或部分地拷贝形象。拷贝的形象要正确无误,线条要达到准、挺、匀、活。这个环节必须反复训练。

6) 中间线的训练

中间线的训练就是用目测的方法在两根线中间绘制出线条的一种训练,如图6-13所示。

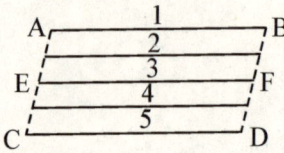

(1) 平行线中间线

AB与CD,找准中间点,两点连接成中间线EF

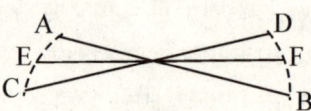

(3) 交叉直线中间线

AB与CD,先找准EF中间点,连接成中间线,注意两端的弧度

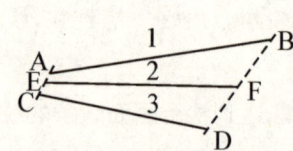

(2) 不平行直线中间线画法

与平行直线相同

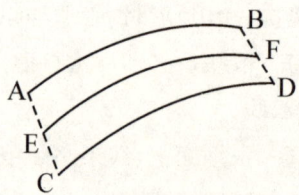

(4) 平行弧线中间线

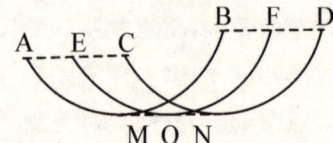

(5) 弧线交叉中间线

AB与CD,先找出两端的EF点,在从弧线中间的MN找出中间点O的位置,用线连接成弧线交叉中间线

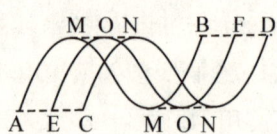

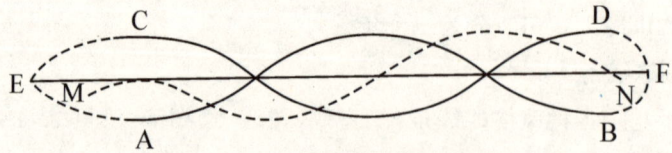

(6) 波形弧形交叉中间线

EF为直线中间线,MN为波形推进曲线运动中间线

图6-13 等分画法

(1) 中间线训练意义

绘制中间画的主要任务是根据原画的要求,在两张关键动态之间绘制出中间渐变的过程。一个初学者为了掌握动画技术,必须先从中间线的基础训练入手。

（2）中间线的定义

中间线是指在两根线条之间的中间位置上绘制出的线条，如：两根平行直线、两根不平行的直线、两根交叉直线、两根平行弧线、两根不平行的弧线、两根交叉弧线之间中间位置的线条。

（3）中间线的要求

画中间线时，必须保证线条位于准确的位置。中间线的训练要从简到繁、从易到难，才能逐步适应和掌握在线条复杂的画面中，准确无误地画好中间画的技术要求。

（4）画中间线应着重注意的问题

中间位置一定要准确，线条一定要挺。不能只顾及了中间部位的准确而忽略了线条的挺、活，也不能只注意线条的挺、活而使中间部位产生偏差。

7）中间线的具体操作方法

（1）不能借助于计量工具，如直尺、三角尺等进行绘制，要完全依靠眼睛的观察找出它的中间部位。

（2）为了便于线条落笔的准确，可以在几个关键部位先点上一个记号，定好中间的位置，然后一笔勾画成中间线。

（3）画中间线时握笔要紧，手腕要松，集中注意力，手眼并用，做到稳而流畅。中间画是动画片制作的基本工作。加中间画是与原画共同完成镜头绘制任务的两道工序，也是需要投入很大工作量才能完成的工作之一。

① 加中间画的基本要求

加中间画要根据原画的规定，按照设计要求进行工作，所加出的中间动作要符合运动规律，要做到形象准确、画面整洁、线条清晰。在所画镜头完成后要进行全面检查，做到不走形、不漏线、不缺张。注意曲线运动的应用和动作的情趣感表现。

中间画完成后，分别用下列符号来区别原画、中间画和动画。

② 加中间画的方法

A. 等分法

等分法又称目测法，是指在两张不同位置、不同形态的图形之间找到中间部位，所画的每根线条都必须在两个图形变化的准确中间位置。掌握等分中间画的基本要求和技法后，才能进一步在复杂的形态和线条中进行中间画的工作，如图6-14所示。

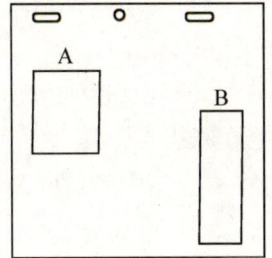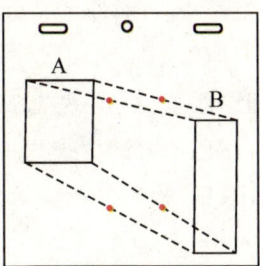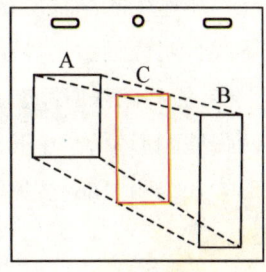

图 6-14 等分法绘制分解图

等分法的具体绘制是根据线条的中间点,按照两根线条转折处或最接近的部位,先点上一个记号,然后,再揣摩一下每个点的位置是否在等分的中间部位,如有偏差,还可以修正,如图6-15所示。

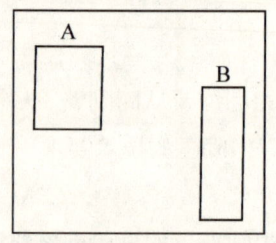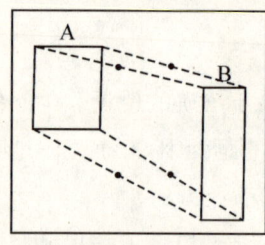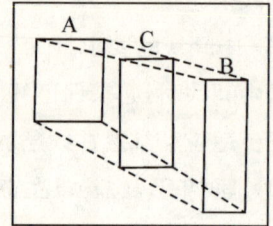

图6-15 等分画法

初学者学习时可以分以下几个步骤进行:

ⓐ仔细观察

拿到两张不同的图形时,要先观察一下甲图形到乙图形的演变,想一下中间将产生怎样一个图形,做到下笔之前心中有数。

ⓑ找准中间点

在着手画之前,先要严格找准图形变化每个部位的中间点。

ⓒ勾画线条

在确认中间点准确无误后,便可落笔一气呵成地勾画线条,在勾画中间线时应当注意线条的匀称和流畅。

ⓓ检查修正

画完所有中间画后,做一次仔细检查。将有偏差的地方进行修改和调整。

通过以上四个步骤的反复练习,养成目测中间线部位的习惯和能力,待掌握了工作的要领后,就能自然而然地将四个步骤融合在一起,运用自如地进行动画工作。

B. 对位法

动画工作中,如果碰到前后两张原画画面上的位置较远,直接画中间画不容易找准线条和形态的中间位置,给动画工作的进行带来一些困难和麻烦,就可采用对位画法来解决,既准确又方便。

对位俗称对洞眼,是利用每张动画纸上三个固定器洞眼这个特殊条件,在动画纸相叠在一起时所产生的洞眼位置的差异为依据,作为有助于勾画和检验中间画位置准确性的一种手段。对位画法的步骤如下:

第一步:先将两张原画套在固定器上,打开透光灯,覆盖上一张空白动画纸,先用目测找出两张原画形象的中间部位,在几个关键位置先用铅笔在纸上点上几个中间点(如人物脸形的几个明显部位:鼻、耳、眼角、脸形外轮廓等处,查看一下中间点位置是否基本准确。

第二步:把两张原画从固定器上取下,将前后两张原画的形象按最接近处相叠在一起(如两张原画画面上人物的面孔),这时,就会发现两张原画上端的固定器洞眼产生了位置上的差异。然后,将已经点上中间位置记号的动画纸覆盖上去。

　　第三步:把空白动画纸的三个洞眼安放在两张原画的六个洞眼之间的准中间位置。洞眼的中间位置对准后再查看动画纸上已经定好的关键部位中间记号同要求是否吻合,若有差异可再作适当调整,直到确认已经无误时,可以将三张动画纸加以固定(用铁夹或者用自己的左手按住),便可以开始绘制中间画了。

　　第四步:对位中间画完成之后,还须将两张原画及已完成的中间画相叠在一起,套在固定器上,通过拷贝台做全面检查,当确认完全符合规定时,才告完成,如图6-16所示。

　　C. 一次对位和多次对位

　　对位画法是动画工作中经常使用的一种基本技法,上面所讲的对位画法及步骤,在一张画面上只使用一次对位法,就叫做一次对位;在同一张画面上反复运用两次以上,可以称之为多次对位。还有对位和不对位的同时使用。

图6-16　对位画法一

　　多次对位,即在同一张画面上经过一次对位勾画出其中一部分形象的中间画后,进行第二次对位画法。

　　在造型复杂时,按其最相近的部位重叠在一起,分解地逐个对位,将各个部分的中间画完成。例如先画人的上半身形象,画手时同样可以第二次采用对位的方法来减少困难。

　　对位法的运用,一般来讲是在两张原画形象间距比较大、形象变化比较小、中间线又比较困难的情况下常采用的一种方法,如图6-17所示。

图6-17　对位画法二

115

在同一个镜头中,除了比较简单的中间画外,由于动作的复杂程度不同,以及动作过程中形象的透视变化和运动规律的要求等等,就会产生许多复杂的中间画。这样就要求在加动画的时候运用多种方法相结合的方法来完成,同时还要懂得形象的透视变化和动态、结构以及各种运动规律。动画人员除了掌握加动画原理外,还要注意提高自己的艺术素养,认真观察生活,提高鉴赏及判断能力。

下面介绍一些较复杂些的动画运动规律。

• 弧形运动:用来表现物体在运动过程中,受到各种力的影响,而呈现出弧形的抛物线运动状态。例如将球抛向空中,或是表现柔软、韧性的物体其中一端被固定在某处,另一端受到力的影响而运动,例如扔锤子,如图6-18所示。

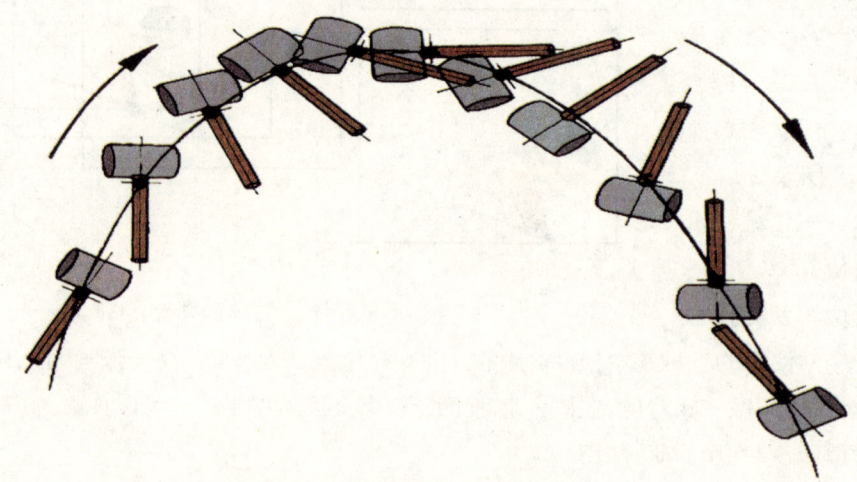

图6-18 扔锤子运动

• 波形运动:用来表现柔软、轻薄的物体,或是形态不定的气体、液体。例如随风飘扬的旗帜、人的围巾、空中的云彩等,如图6-19所示。旗子飘动属于典型的波形运动。

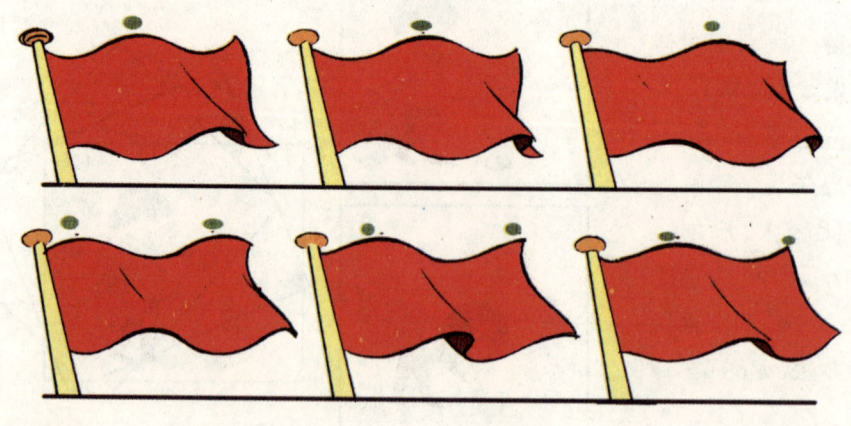

图6-19 红旗飘动规律

- S形运动：用来表现柔韧的物体，主要动力在一个点上，凭借自身或是外在的力量，使得力量从这一端传到另一端。例如动物甩动的尾巴、蛇的前进方式。

在掌握各种动画技法之后，中间动画师需要领会原画的意图与要求，并且注意摄影表上注明的指令，才能准确完成动作的要求。摄影表上重要的指令包括动作的运动规律、加减速度、循环动作、角色口型、重复使用原画、画面分层关系、移动背景、特殊效果等。

用曲线运动的规律绘制中间画时，要掌握三个基本要领：

（1）主动力和被动力

绘制中间画时，要注意主动力的位置，分析产生主动力的部位、受主动力作用而被带动的运动的部位，有了准确的理解，才能使所画的曲线运动符合要求。

（2）运动方向

在两张原画之间画动画时，要明确关键动作所确定的运动方向，不能改变或逆向运动，否则会产生相反或紊乱的效果。

（3）顺序渐变

物体在曲线运动进程中顺序朝前推进时，若无特殊原因，必然是朝着一个方向顺序前进的。力的作用不断延续直到消失。因此中间画要按顺序一张一张地渐变，不可中途停顿、中断或颠倒次序。

6.4 动画中的变形

在动画片创作过程中，会根据剧情与视觉效果的需要，把动画角色的动作和各种物理现象加以夸大、强调，并将这些效果用较为形象的手法表现出来。挤压与变形就是绘制中间画时的一种特殊的方法。

1) 弹性变形

物体在受到力的作用时形态和体积会发生改变，这种现象在物理学中称为"形变"。物体在发生形变时会产生弹力，形变消失时弹力也随之消失。例如皮球从空中落下，碰到地面马上就会弹起来。由于自身的重力与地面的反作用力，使皮球发生形变，产生弹力。

由于物体的质地不同，受到的作用力不相同，形变程度和产生的弹力也不相同。如皮球是用橡皮做的，质地较软又充足了气体，在受力后会发生明显的形变；实心的木棒受力后所发生的形变和产生的弹力都很小，而铅球的形变和弹力就更小，几乎难以感觉到。

动画片中，我们也可以根据剧情或影片风格的需要采用夸张变形的手法处理中间画，把形变不明显的物体运用夸张变形的手法进行处理，表现其弹性运动。表现弹性运动时必须掌握好速度与节奏，否则就不能达到预期效果。例如同样是表现汽车的急刹车，其夸张变形的程度在漫画风格的动画片中就比在其他风格的动画片中要大得多。

2) 惯性变形

惯性是日常生活中的常见现象。平时应注意观察、研究、分析惯性在物体运动中的作用，掌握它的规律，作为我们设计动作的依据。

　　动画片在表现物体的惯性运动时，应该根据这些规律，充分发挥想象力，运用动画片夸张变形的手法，取得更为强烈的效果。例如：汽车快速行驶时，突然刹车，由于轮胎与地面的摩擦力，以及车身继续向前惯性运动而造成的挤压力，会使轮胎变为椭圆形，变形比较明显；车身由于惯性，虽然也略微向前倾斜，但变形并不明显。为了造成急刹车的强烈效果，在设计动画时，不仅要夸张表现轮胎变形的幅度，还要夸张表现车身变形的幅度，并且要让汽车向前滑行一小段距离才完全停下来，恢复到正常状态。又如：飞刀插入木板，刀的前端由于木板的阻力而突然停止，后端由于惯性仍然继续向前运动，因此造成挤压变形。由于刀是钢制的，变形极不明显，但我们在表现这一动作时也可以加以夸张。又如：动物在奔跑中突然停步，身体也会由于惯性向前倾斜，有时要顺势翻一个筋斗，有时要滑行一小段距离，才能完全停下来，如图 6-20 所示。

图 6-20　夸张变形动画

　　在运用夸张变形的手法表现物体的惯性运动时，必须掌握好动作的速度与节奏。速度越快，惯性越大，夸张变形的幅度也越大。

第7章 动画配音与后期

动画的精彩处,不但在于画面和技巧,优秀的配乐也是一直以来伴随动画成长,并不断为人们所关注的。一部好的动画,不但要有深刻的内涵,精湛的画面制作,其主题歌和配乐也必须很优秀,才是一部完美的作品。

1985年的动画电影《福星小子》"Remember My Love"的主题曲。很多人听了之后不相信这是动画片的主题曲。固有的旧观念令他们认为只要是动画主题曲就很幼稚,不过是给小孩子听的儿歌罢了,这种观点是完全错误的。刚开始时,日本动画主题曲的确很幼稚,但是自第一次动画热之后,松本零士一系列凄怨激壮的主题曲,受到爱乐者的肯定。到《超时空要塞》上演时,由于剧中林明美是一个歌星,所以片中有多首插曲,其中主题曲《爱还记得吗?》唱片销售量更突破500 000张,并获得金唱片的荣誉,亦成为主唱人饭岛真理进入演艺界的成名曲。由此可见,音乐对于动画作品的重要性。

到了1986年底,歌星齐藤由贵演唱《相聚一刻》片头曲《对悲伤说早安》,造成动画界邀请大明星演唱主题曲的风潮。该片亦被认为是动画主题曲正式脱离动画而独立成为流行歌曲的第一部动画。1987年3月,《古灵精怪》播出后,被动画界公认为主题曲最动听,且全面西化的动画。自此以后,除了一些例外,大部分动画主题曲都已和欧美流行歌曲相差不多了。

7.1 动画中的声音类型

一般动画中的声音分成三类:语音、效果声、音乐。在制作过程中,这三种类型的声音分别制作并最终混合在一起。

7.1.1　语音

语音是最直接并首先被观众接受的声音。影视动画中的声音包括角色的对白、内心独白、画外音等。

语音是影视动画中最直接表达意思的声音元素。通过影片中的语音，观众就可以明白影片讲述的是一个什么样的故事。

7.1.2　效果声

效果声有两大类型。一类是指动画片中除去语音和音乐以外的所有声音，包括人的各种动作的声音、物体碰撞的声音、自然界的声音等等。在效果声中，又分成动作效果声和环境效果声。动作效果声即各种动作发出的声音，可以是人的动作，也可以是物体之间的动作和动物发出的声音，主要是那些短促、颗粒性的声音。有的动作效果声在现实中并不存在，而是声音创作者根据影片需要专门制作出来的，有的动作效果声是在原有真实声音的基础上加工而成的，经过夸张的处理，以求对观众产生更大的感官刺激，烘托影片的气氛。例如，动作片中的爆炸、打斗、枪械的声音都是用这样的方法制作的。环境效果声是指不同场景的环境背景声，如雨声、风声、教堂中的空气流动的声音等等。环境效果声在交代故事发生的空间环境上是非常重要的，是观众最不易察觉又必不可少的声音。

效果声是创造影片真实环境最重要的声音元素。它既可以表现影片中环境的真实性，还能表达人物的主观情绪，烘托环境气氛。通过影视动画创作者的主观创作，在声音元素的排列上进行安排，并通过声音的蒙太奇拓展画面空间，表达影片的主题。

7.1.3　音乐

根据声源的不同，可将其分为有源音乐和无源音乐两种。有源音乐是指影片中可以听到或者间接知道发声物体的音乐，如影片中的乐队演的音乐等等。这种音乐往往和影片的环境相联系，是特定情节或特定环境下出现的音乐也是对影片的叙事和交代环境非常重要的音乐。无源音乐是专门为影片中的特定情节谱写的音乐，在画面中不能找到发声物体即声源。这种音乐往往是为了表达影片中人物的情绪或者烘托气氛的，是导演和作曲者对影片情节发展到某个阶段专门安排的。这种音乐往往成为一部影片最终的标志。

除了按照声源的不同将音乐分成有源音乐和无源音乐之外，根据音乐在影片中的功能的不同，还可以将音乐分成叙事性音乐、主题音乐、过渡性音乐、气氛音乐、片头音乐等等。总之，影视动画中的音乐在分类上是比较灵活的。

如果按照编排的时间顺序还可以把动画中的声音分为先期配音和后期对白。

1）先期配音

（1）先期音乐

在一些动画长片或短片中，根据导演的艺术处理和剧情的需要，往往采用全部先期音乐或部分先期音乐录音的办法。这样做的好处是可以使画面动作与音乐旋律协调、和谐，动作节奏感鲜明、强烈。

采用先期音乐必须根据导演的要求和画面分镜头台本，经过导演与作曲者共同研究、详细讨论，事先对全片的剧情发展、气氛、节奏、动作和分段长度取得统一的意见，计算出比较精确的时间。然后，作曲者才能谱写乐章，经过乐队演奏，先期录音。再按照音乐节拍在声音文件中找出每个音符的位置，将音乐长度和节拍、音符写在每个镜头的摄影粉上，动画设计师届时须依此来设计动作。

（2）先期音乐的动画镜头设计

①充分研究导演分镜头台本，反复聆听先期音乐的旋律与节奏，从中得到动作设计的有益启发。准确把握音乐旋律与动作情绪、音乐节奏与动作速度的密切关系。从而在头脑里逐步形成声音与画面完全协调、吻合的创作构思。

②音乐中的节奏是通过声音的节拍来体现的，音乐中的节拍是衡量节奏的单位。动画设计师设计动作，应该抓住音乐中的节拍，特别是节拍中的重音，动作与音乐节奏就能合拍、协调。

③先期音乐动画镜头的设计，可以分成两种类型：一种是旋律性、气氛性的镜头，要求音乐的旋律与动作的情绪有机地结合、协调，不一定要按照音乐的具体节拍。设计这类镜头，必须注意音乐情绪和气氛的总体和谐，做到动作、情感和音乐融为一体，互相烘托。另一种是节拍性的，动作的节奏必须按照音乐的节拍来设计。例如人物的走路、跳舞、弹琴、唱歌及一些强烈的动作。这些动作的起伏、停顿、指法、口型完全要求对准音一个节拍。

④某个镜头动画被完成之后，必须将其动作画面与先期音乐，做声画同步检查，着音动作是否协调吻合。

（3）先期对白

动画片里的人物讲话时的口型变化完全是靠画或调整模型调出来的，为了使人物讲话一字一句的间歇、停顿更为精确，往往也采取先期对白录音的办法。在口型设计之前，先邀请演员根据分镜头台本中的对话，配音录制。动画设计师在设计动作时，将声音文件导入动画软件中。然后完全根据声音层的对话录音画出每一个口型，这样，先期对白镜头中的人物语言、口型变化与角色的声音紧密地结合起来了。

2）后期对白配音

在对一部动画片进行后期配音时，配音演员必须按照片子里角色的口型动作，进行对白配音。角色对白镜头的设计，尤其是近景或特写镜头，口型动作的变化是十分重要的。人说的声音，必须通过嘴唇的张合运动才能传达出来。因此口型动作的设计、口型变化的速度和节奏应该准确，不能随意。目前，都已采用规范化的口型动作，基本上分为

A、B、C等六种类型。在填写摄影表时,应该按照对白的发音,准确选定口型的类型表达,并且在摄影表里明确提示中间画口型变化的类型和位置。画对白镜头时,一定要认真计算时间,注意讲话时的语气和节奏,在摄影表上将发音吐字和停顿的地位定准只有这样后期尾色配音时。口型与发音才能合拍、协调。如果口型动作时间没有掌握准,则将造成配音时的许多麻烦。往往应该发音时,画面上没有口型,当语句停顿不该发音时,画面上口型还在乱动,令人看了很不舒服。

实际情况中,许多动画片,尤其是非影院动画片,对角色对白动作要求不是很高,也就是不要求说话的口型与说话的内容是一致的,只要求起始和截止的时间与说话的内容相同便可。这种对白设计在大电视剧动画系列片中和网络动画短片中最为常见。基本上,每个角色说话时的口型变化都是一样的,但是内容却完全不同。在进行音画合成时,说话动画的长度应服从说话的内容,即以对白时间的长度为准,画面不够长,则增加画面,增加的方法就是复制说话动作的画面。如果说话内容可以精简的话,可以想法缩短说话声音的长度。

3) 关于声画同步、对位、分立

(1) 声画同步

一般情况下,在影视动画中,声音的连接力求平滑,让观众意识不到声音的"存在",也就是说,让观众像在日常生活中那样,对声音"无意识"。而那些经过强调的声音,或者是强加进来的声音则是为了引起观众的注意。

在视听语言的整体展现中,声音有非常重要的作用。最重要的一个作用就是它可以将画面统一起来,或者说,把画面捆在一起。

"同步点"是声画关系中重要的一个技术用语。影视动画中的声画同步有以下几种情况:

在声画段落中。同时剪切声谱和画面,这是影视动画中最常见的同步方式。声音一直延续到整个叙事段落的结束,而这个段落并非由同一场景的画面构成。画面是在不同的时间、空间转换的,音乐用的是同一个连续的音乐段,一直延续到时空转换段落结束。在台词相应的位置也要做同步的、强调性的处理。例如,使用特写镜头。

声音和画面同步已经成为观众评判影视动画制作正确与否的标准之一。

(2) 声画对位

视听语言的表现方式中除了声音和画面同步的情况,还有声画对位、声画分立(声画非同步)两种方式。声画对位是指声音和画面分别表达不同的内容。各自独立发展,即在形式上不同步、不合一,但两者又彼此对应,彼此配合,彼此策应,分头并进而又殊途同归,从不同的方面说明同一事物的含义,如图7-1所示。

(3) 声画分立

声画分立是影视动画中声音和画面中的形象不相吻合、不同步、互相离异的蒙太奇技巧。声画分立意味着声音和画面形象摆脱了相互间的制约,而具备了相对的独立性。这种形式,可以有效地发挥声音主观化的作用,还能借此衔接画面,转换时空。

图 7-1 声音蒙太奇

因此,声音和画面的关系,从绝对意义上来说,已经没有什么固定框框,创作者有广大的想象和实践的空间,而作为观众也已经习惯了在影视动画里接受各种声画关系带来的感官刺激。

以日本流水线般的动画作业为例,动画的声音制作与一些非写实电影相比并没有什么太大的不同,虽然有许多的原始声音素材可以加工利用,但在某些情况下或者是对于制作严谨的 OVA 和剧场动画的声音都是需要重新录制的,一般这个步骤都在分镜本出来之后就要立刻开始着手了,与此同时,声优们也就参照着简单的分镜画开始进行配音工作,还有一些音乐的效果。

音效令动画更加具有现实性或真实感,比如飞机起飞、机车轰鸣、玻璃碎裂、水滴声、脚步声、包括各种各样根据动画的实际情况,对这类现实性的场景音进行加工。又如宇宙飞船的时空飞行、激光武器的 CHARGE 之类通过想象并对于现实中某些声音的加工。以上这些都使得画面更具空间感和真实感。

音效增添了动画的艺术性和它作为艺术的独特性,比如一些场景切换时的过渡音,或者是通过前一场景某音效的变异性延续来过渡到下一场景,都是通过音效的艺术性夸张来渲染情节和增强画面的连续性。又如一些纯粹的卡通式效果音,可以参考一些迪斯尼动画,"呼"的飞出去、"砰"的杂下米、猛的起跑、突然下落等等都有其相对应的音效。这些抽象而夸张的音效也成了这类动画表现形式中不可或缺的一部分,也成了其特征之一。

声音设计在一部动画片中是非常重要的创作因素。声音设计的具体任务包括设计音乐、配音、音效。音乐的风格与节奏是一部动画片的时间配置基础,应该在分镜头绘制阶段就让作曲家共同参与创作。音乐的创作要依照剧情与分镜头上标示的时间,还要注意配合分析影片中情绪、气氛的起伏。如果使用的是现成的音乐,可以利用溶、叠等声轨剪辑技巧,将不同段落的音乐融合在一起。注意,音乐虽然具备渲染气氛、加强叙事的功能,但毕竟只是影片众多组成因素中的一环,不能因为过于强调表现音乐的特点,而分散了观众对画面的注意力。导演需要全面地考虑影片中每一个元素的功能与地位。

配音的选择与表演决定了一个动画角色是否具有生命力。配音演员应该具备与角色相辅相成的声音特点,为角色添加吸引力与魅力是配音的首要任务,其次才是语言的传达。

美式动画使用前期录音的方式,就是更重视配音环节的表现,将配音演员的外形、个性、习惯动作融合到角色造型、动作的设计中,令角色的表演更加使人信服。音效可以增加动画中动作的真实感,或加强场景的空间感。为动画片制作音效,注重的是"效果",而不是道具的真实性。例如,在影片中听到的火车汽笛声,可能是经过变音的女人叫声;或是把纸揉皱来制造火焰燃烧的声音。在为动作、场景配音效时,市面上有许多现成的音效资料可以作为参考。但是因为每部影片的情境与节奏不同,所以很难找到完全合适的音效,往往需要录音师的加工、创造。制作音效时,要先掌握音效在影片中的作用与影片整体的风格。写实风格的影片中不该有过于夸张、变形的音效声,并且应该配合画面的需要细致地制作,不能有所遗漏;在幻想式的影片中,则不必严谨地追求音效的真实性,经由联想、夸张来创造别具特色的音效是这类影片音效设计的重点。

在后期制作阶段,需要把已经完成的动画片段作最后的整合与修饰,并且配合声音效果,最后输出成各种播放格式。

7.1.4 后期制作

1)后期剪辑

剪辑的程序是这样的:将冲洗好的胶片制作成一份工作样片,剪辑人员先将影片片段依据号码顺序连接在一起,并剪掉多余的格数,这段过程称为"粗剪"。接着,按照导演的要求进行精细的剪辑,使影片动作流畅、节奏鲜明,达到最好的叙事效果。如果采取先期录音的制作方式,要在剪辑时与声带同步套片,参考声音的韵律来剪辑画面动作。

目前动画片的剪辑通常使用电脑系统的"非线性编辑"。所谓非线性编辑,是指利用电脑软件来剪辑影片，可以任意地移动片段的时间和位置、改变动作的速度、修饰画面的色彩或添加特殊的效果。这一切操作都不会影响影片的质量，比起传统的胶片剪辑方式（即"线性编辑"）电脑非线性编辑更为快速与灵活。

2）合成与特效

后期合成与特效在整个动画制作流程中的重要程度与日俱增，因为动画制作技术全面电脑化的趋势，使得许多创作者选择在后期阶段才对画面分层进行整合和调整，比起传统手绘动画在中期动画阶段就定生死的方式来说，制作流程变得更加有效率，也增加了修改的空间。